JN046625

川田伸一郎
イラスト　浅野文彦

ブックマン社

序文

道端にタヌキが車に轢(ひ)かれて死んでいる。みなさんなら、どうしますか？ 死体に対する感情は人それぞれと思うが、大方の人は「気持ち悪い」と感じて、避けて通るのではないだろうか。

「かわいそう」と感じた人は野生動物に対する愛情が豊かな方かもしれない。僕の場合はかわいそうだなと感じるのもあるが、それよりも「もったいない」という思いが強い。

僕は博物館で動物を研究する者である。専門はモグラだが、博物館人としては陸の哺乳類全般が僕の担当である。動物の研究にもいろいろあって、博物館ではその動物がどんな形をしていて、どういう風に進化してきたのか、といった研究をしている人が多い。こういう研究を進めるには、実際にその個体を捕まえて調べるということが不可欠である。そこで必要になるのが「標本」だ。標本は一つあればそれで事足りることもあるし、場合によってはたくさんの標本を調べて、個体ごとのばらつき（変異）を調べなくてはならないこともある。僕はどちらかというと後者タイプの研究者で、たくさんのモグラを捕まえて、変異を調べて、どのように種を分ける（分類する）のかということを検討するのが僕の研究だ。博物館にはこれまでに長年にわたって集められたモグラの標本があるけれど、それで十分なのかどうかは僕にもわからない。たぶんもっとたくさんあれば、もっと面白いことがわかってくるのではないかな、と思っている。

モグラは集めやすい動物だと思う。

だからたくさんの標本が博物館にある。ところがタヌキやキツネといったものはどうだろう。標本はサイズの大きな動物ほど、集めるのも作るのも、さらに保管場所の確保にも大変な労力が必要だ。それに僕自身はタヌキを研究しているわけではない。けれど、集めるチャンスがあるときに集めておかないと、いざ必要とする人が僕を頼ってきたときに、大した力になれないという悲しい状況になってしまう。実際にタヌキについて研究している人が、世の中には何人もいるのだ。タヌキが車に轢かれていたりすると、「もったいない」。これは標本集めの絶好のチャンスだ。

だからそれを拾って標本にする。

博物館にとって一番大切な「もの」、それは標本・資料である。僕の場合は哺乳類を担当しているので、その「もの」は標本ということになる。

標本を収集・管理したり、研究活動をする以外にも、博物館には、標本を展示するという大きな役割がある。博物館と聞いてみなさんがまずイメージするのは展示室にきれいに並べられた剥製や骨格だと思うが、それらの標本がなければ博物館の哺乳類展示は退屈なものになってしまうだろう。それは来館する人々が「本物」の魅力を感じたいという目的を抱いて来てくれるからに他ならない。時には教育活動の一環として、来館者を対象とした講座を開く。そのときにもやはり標本を使って説明したりする。

標本がなければ博物館は成り立たないのである。

本書は月刊誌『ソトコト』で2012年4月（5月号）から開始し、現在も継続している連載コラムを、5つのカテゴリーにまとめて書籍用に再編集したものである。ある「バカ」の話であり、博物館とそこで働く一研究者を取り巻く奇妙な世界についての話である。博物館の裏側で働く人は「標本」のキーワードの下に信念を持って日々を過ごしている（第一章）。そしてそこでは度々、いろんな事件に遭遇する（第二章）。この世には様々な仕事があるので、博物館だけが特殊な場だとは決して思わないが、このちょっと気持ち悪い世界を怖いもの見たさでのぞいてみれば、きっと博物館をもっと好きになってもらえるのではないかと思っている。また、標本は生き物について多くのことを学ぶ機会を与えてくれる（第三章）。動物を解体して標本を作製していると思わぬ小発見がたくさんあるのだが、それらを小ネタとして発表する場としても、この連載はうまく機能してきた。日々たくさんの標本を処理するのに業務時間の大部分を割いている僕には、時に世の中の不条理を感じることもあるし、未来の社会の姿に期待や不安を持つことも多い（第四章）。過去の博物館や先輩から教えられることも多かろう（第五章）。

僕の日常は異常で、博物館の研究施設にあるちょっと広めの部屋で動物の亡骸（なきがら）と向き合うことで仕事はほぼ完結している。そこで一体何が行われているのか……。

標本工場へ、ようこそ。

もくじ

089 第二章 事件は現場で起きている

163 第三章 標本に学べ

グランデ

『ソトコト』（木楽舎）
2012年5月号〜2020年4月号に
掲載された連載「標本バカ」の
原稿をもとに加筆・修正し、
書籍用に再編しました。
情報は連載時のものです。

標本バカ

第一章
標本バカも楽じゃない

死体を集めるお仕事？

May 2012

夕食時、僕は意を決して切り出した。「お義父さん、キョンの死体を拾いたい」

死体を集める人って、ちょっと変な人と思われがちだ。だからいくら仕事とはいえ、こういう活動をしていることを打ち明けづらい相手もいる。幸い妻は理解があるのだが、例えば妻の両親はどうだろう。娘がとんでもない変人と結婚してしまったと心配させそうで、なかなか言い出せない。ところがついに、僕の死体集めをカミングアウトする事態が起こった。

妻の実家は房総半島のとある場所にあるのだが、ある週末、妻の実家に遊びに行ったときに、義父が「このあたりには変わったシカがたくさんいる。よかったら見に行かないか？」と誘ってくれた。もちろん義父は僕が哺乳類の研究者であることは知っていて、だからその土地で見られる「変なシカ」を見せてやりたいと思ったのだろう。

この「変なシカ」と呼ばれたものは、偶蹄目[*1]シカ科のキョンという動物で、奈良公園などで見られるニホンジカと比べると、ずっと小型（大型犬のサイズ）で角もそれほど長くない。そしてもっと変なことに、雄にはなんと牙が生えている。僕が勤める国立科学博物館には見事に作製された剥製があって、それでどんな姿をしているのかは知っていたが、実は生きて動く姿は見たことがなかった。

死体を集めるお仕事？

僕は義父に「ぜひ見てみたいです」と言い、その日の夕方から二人で車に乗ると、近くの山をぐるりと一周するコースを走り出した。そして周囲が暗くなり始めた頃、畑や草地のなかで、車のライトに照らされて何かが光るのが見えた。キョンの眼である。それも1個体ではない、相当な数だ。僕はそこら中を飛び跳ねるキョンの姿を観察して大満足だった。

それだけで終われば僕は今でも「動物好きの伸一郎君」だったのだろう。たくさんのキョンを見て楽しんでいたとき、路上に死んでいるキョンを見つけた。車に轢(ひ)かれたのだろうか。しかし轢かれてからそれほど時間は経っていないと思われる。骨なども損傷は少ないようだ。死体集めに慣れてくると、ひと目でそういうことがわかるようになる。さてどうしたものか。博物館にはキョンの立派な剥製が1点あるが、標本の数はそれほど多くないはずだ。即座に頭の中でデータベースを検索し、弾き出されたその数は、全身骨格が4点という結果だった。これはなんとか持ち帰って標本にしたい。しかし切り出せないままキョンの探索は終わり、我々は家族の待つ妻の実家に向けて帰路についた。

家に戻れば夕飯を食べながら一杯

＊1 偶蹄目……四肢の指に蹄を持つ哺乳類のうち、それぞれの蹄の数が偶数からなるグループ。ウシ類やシカ類など。

やって、あとはおやすみという長閑(のどか)な夜。でもついに夕食時、僕は意を決して切り出した。「お義父(とう)さん、さっきのキョンの死体を拾って、博物館に送りたいのですが……」。

ご飯時にそんな話をするのも問題だが、義父からは「あんなものをどうするのか？」といくつかの質問。僕は博物館が動物の死体でもなんでも集めて標本として残している場所であることを詳しく説明し、義父も「そういうことなら明日の朝、拾いにいくんだな」と聞き入れてくれた。そして翌朝、「道がわからないかもしれないからついていくよ」と言ってくれたのだ。なんとびっくり、我々はキョンの死体を拾うべく再び昨晩の場所へ向かい、無事拾得を完了した。そしてその帰り道、今度はタヌキが1個体轢かれていて、それも拾いましょうと言い出したときには義父もさすがに絶句していたけれど、僕の死体集めについては、なんとか理解してくれたようである。

「リス大会」の勝者は？

June 2012

刃を入れるところから完成まで13分半くらい。慣れるということは素晴らしい。

国立科学博物館で数年来積極的に集めている種がある。それはクリハラリスである。このリスは東南アジアに広く分布し、一番近いところでは台湾産亜種[*1]のタイワンリスがいる。もっともこれは自然分布という、もともとの分布域であるが、実は日本でもペットや展示動物として輸入されたものが各地で野生化している。僕が博物館に就職した頃にはすでに前任の研究者が長崎県五島列島で野生化した駆除個体を受け入れていた。僕はこれを引き継いでどんどん受け入れて、標本にしている。

どれくらいクリハラリスをもらっているかというと、20個体程度が入った箱が2か月に1つ届く。年間およそ100ちょっとというところだろう。これをすべて標本にしてきたのだから、結構な数が集まった。

哺乳類の標本にはいろんな様態のものがあるのだが、特にリス程度のサイズの動物では「仮剥製」と呼ばれる毛皮の標本と、骨格標本として保管する。剥製というと博物館の展示にあるようなきれいにポーズをとったものを連想すると思うが、仮剥製というのは研究者が調査を行うために、手足を伸ばして整形したもので、義眼などは入れない。皮を剥いて防腐処理をしたのちに、綿を詰めるだけでできてしまう。そん

「リス大会」の勝者は？

なに難しい作業ではない。

特にリスの仮剥製は作るのが簡単なほうである。皮剥きという作業は小さなネズミやトガリネズミだと皮が弱くて力をかけすぎると破けてしまう。一方でゾウやサイになると、大勢で皮を引っ張りながら刃を入れていかなければなかなか剥けない。こういう大型の動物では毛皮の防腐処理もとても大変だ。その点、リスはいい。初めての人が皮を剥いても破れることはまずなく、そして誰が綿を詰めてもおよそ同じ形に仕上がる。そこでせっかくまとまった数のリスがもらえるのだからと、標本作りを学びたいという人たちを呼んで、「リス大会」なる企画を度々行っている。

特に大々的に広報しているわけでもないのだけど、毎回10人くらい集まる。みんなで標本作りをやるのはなかなか楽しいものだ。初めての人には最初に僕が解説付きで仮剥製を作って見せる。見ているみんなは僕がするすると皮を剥いていく様子に、「簡単そうだな」と感じるようだ。ところが実際に自分でやってみるとなかなかそうはいかないもので、2時間くらいかけてようやく皮を剥き終わる人が多い。そこから綿を詰めて、最初に刃を入れた部分を縫い合わせると、なんとか1個体が完

＊1 亜種……動物学における種の下位区分。

成。2個体目にチャレンジすると日が暮れてしまう。まあ、こういう作業はやればやるほど要領がつかめてくるものので、僕は1日に20個体以上作ったこともある。以前、テレビ局から標本作りについて取材を受けた際、作る過程を映像に残してもらったことがあった。すると刃を入れるところから完成まで、1個体にかかった時間は13分半くらいだった。慣れるということは素晴らしいことである。

ところでリス大会の趣旨として、優勝者には僕がポケットマネーから1万円を賞金として授与することにしている。しかしながらまだ賞金を獲得した人はいない。ご想像のとおり、毎回僕が優勝をかっさらっているからだ。参加者に作り方を説明しながら会場内を見渡し、僕の作った数に追いつきそうな人がいたら、また2個体くらい作製して突き放すのである。そして悔しがるのを見ながらほくそ笑む僕は、結構ひどい奴だ。

どれだけ集めれば気が済むのか

October 2012

ヨーロッパモグラの頭骨を8000点使用して、
その歯の変異を調べた、という恐ろしいものがある。

国立科学博物館にある哺乳類標本のうち、現在最も標本数が多いのはアカネズミである。データベース上は3000点以上あることになっている。ところがこの最多標本数がもうすぐ別の種に取って代わられようとしている。僕が大量のニホンカモシカの頭部を譲り受けて、頭骨標本を作製しているからだ。

午前7時30分、定刻より少し早く僕の博物館での一日は始まる。手早くメールチェックを終えて、すぐに地下の作業室へと移動。ここでカモシカの頭部が入った大型の衣装ケースから一つ一つ取り出し、洗っていくのだ。1ケースあたり25個程度の頭部が入っている。シンクに前かがみになってひたすら洗う作業は結構疲れる。僕にとって標本作製はちょっとした運動で、この作業は朝練みたいなものだ。

ニホンカモシカは特別天然記念物に指定されているが、中部地方などでは個体数の増加による農林業被害が出ていることから、個体数の管理が行われている。そこで駆除された個体の頭骨を研究材料として残す作業を行っているわけだ。すでに数は2000点を超えて、週あたり大体50個体ペースで増加している。

「そんなに同じ動物ばかり集めてどう

どれだけ集めれば気が済むのか

するの？」と、みなさんは疑問に思われるかもしれない。研究に必要な標本の数はいろいろ、たった一つの材料で立派な成果を上げる人もいれば、大量の材料を調べてようやく一つの論文が仕上がる場合もある。僕は後者の研究が好きな性質(たち)である。チャールズ・ダーウィンさんが言ったように、生き物には変異があって一つ一つ違っている。その変異を調べることは重要だ。それを成し遂げるためには結構な数の材料、ここでは標本が必要となってくる。変異には性別の違いや年齢の違いといった集団内のものから、地域間での違いというものまである。これを超えると種間の違い、つまり種分類ということになるのだけど、分類をやるからには種内のばらつきである変異を調べていかなければならないのは当然のことだ。

ではどれくらい必要なのかといえば、一つのグループで大体30〜50個体くらいかな、と僕は考えている。ニホンカモシカの場合は20歳くらいまで生きるので、それぞれの年齢についてこの数が必要となると、単純な掛け算で600〜1000個体である。さらに雄雌で調べようとすれば、倍の1200〜2000個体くらい。またこれは一集団内での数字なので、さらに地域集団の数をここに掛ける。ニホンカモシカという種をちゃんと理解するためには、これだけの標本数が必要ということになろう。

というわけで、数千の標本を集めるというのは相当やりがいがある仕事だ。実際に僕がこれまでに見てきた論文では、ヨーロッパモグラの頭骨を8000点使用して、その歯の変異を調べた、という恐ろしいものがある。モグラ類については数パーセントの割合で、歯の数が正常値より増減のある個体や、歯に変形が見られる個体が存在する。

こういった変異を調べるためには、10や20の標本では足りない。そのなかにたまたま変異個体が含まれていたことで全体のパーセンテージを上げた可能性も考えられ、正しい判断ができないからだ。

標本はたくさんあればあるほど理想的だ。学生の頃、僕はこれに感化されて、ロシア留学中に大量のアルタイモグラの標本を観察して歯の変異を調べたことがあった。といっても使用した標本数はたか・だか・1800個体ほどに過ぎない。

標本バカの誕生

April 2013

**問題はこの施設を管理していた先生が、
尊敬すべき「標本バカ」だったことである。**

そもそも、僕がなぜこれほどまでの標本大好き人間になったかって、話は大学院時代まで遡る。僕は、名古屋大学の博士課程に所属していた。とはいっても、名古屋市内にいたことはほとんどなく、過ごしたのは愛知県の北東部にある設楽町という町だ。山奥の町で、ここに名古屋大学農学部の牧場を兼ねた付属施設があった。僕は博士課程入学後すぐにその地で生活を開始した。今でこそ書けるが、実はこの施設に住み着いていた。

モグラの染色体を研究しようと入学した僕にとって、水田や森林に囲まれた、いわゆる里山での生活は願ってもないことであった。さっそくそこでモグラの調査を開始したのだが、その話はすでに本[*1]にまとめたことがあるので、割愛する。問題はこの施設を管理していた先生が、尊敬すべき「標本バカ」だったことである。

施設の牧場では牛と山羊と、当時は馬が飼養[*2]されていた。牛は鹿児島県トカラ列島の口之島（くちのしま）で野生化している在来牛である。飼養されている牛は、肉質の一般的な評価を目的として年間数頭が食肉処理場へ出され、精肉販売されていた。設楽での生活にも慣れてきたある日の朝、この年の出荷が行われ、牛が牧場から食肉処理場へと運ばれた。

標本バカの誕生

そして昼過ぎ、先生は2つの牛の頭と一緒に帰ってきた。先生の話では、「この牛は貴重なものであるから毎年出荷された牛の頭部だけは引き取って頭骨標本を作製している」ということだ。標本作製はその年度に研究室に所属することになった新人の仕事である。頭に付着している筋肉を取り除き、施設の炊事場で大きな寸胴鍋を使用して、沸騰させないように火加減を調整しながら2日くらい煮ると骨以外の部分がきれいに剥がれるようになる。これをきれいに流水でごしごしと洗うと頭骨標本が完成する。これが、大型動物の標本を作製した初めての経験となった。先生は取り除いた頭の筋肉で名古屋名物「どて煮」を作って、学生にふるまった。

それから1年くらいして、僕は先生の指令によりロシアで10か月ほど研究生活を送ることになる。それが以前書いた、1800点のアルタイモグラの標本を使った歯の変異の研究へと繋がっていく（23ページ）。異国の博物館でこれほどの数のモグラの標本を目にして、博物館とは強力な標本収蔵施設であり、研究をサポートする場所であるということを学んだ。

この頃が、僕が「標本バカ」として完全に覚醒した時期といえる。設楽町に帰ってきた僕は、施設で牛や山羊が死

＊1 本にまとめた……『モグラ 見えないものへの探求心』(東海大学出版会)

＊2 飼養 ……家畜などを養い育てること。

＊3 ストランディング……海の動物が岸に打ち上がること。

ぬと、解体して全身骨格を作製するようになった。冷凍庫にはタヌキやハクビシンの交通事故死体が処理されないまま大量に保存されていたので、これらも次々と標本にしていった。こういう活動を始めると、次第に周辺からいろんな声がかかるようになる。あるときは猟師さんが「イノシシが捕れたけどいるか？」と声をかけてくれ、皮を剥いて肉を骨からはずし、骨だけもらっていこうとしたところ、お礼としてその肉少々と少額の報酬もいただいた。設楽の名酒「蓬莱泉(ほうらいせん)」を買って、この日は研究室のみんなでシシ鍋パーティーとなった。またアライグマやニホンザルといった有害鳥獣の駆除をしている自治体からは、捕獲があるたびに電話をもらうようになり、三河湾でスナメリがストランディング[＊3]すると連絡が来て、回収を行うようになった。

こういう活動が認められたのか、僕はその後博物館に職を得て、今に至る。ここでやっていることは学生時代とそう大差ないように思う。先生が退職したことに伴い、設楽の施設はもはや標本を置いておける場所ではなくなってしまった。僕たち歴代の学生が集めた標本は当館に寄贈され、僕の研究室の収蔵庫で研究者が訪れるのを待ち続けている。

僕はきれい好き？

October 2013

濃厚な液体を捨てると、なんとびっくり、きれいな骨ができているのである。

僕は意外ときれい好きだ。こう書いても僕を多少知っている人は誰も信じてくれないだろう。なにしろ僕の研究室の机は、他人が見たら散らかり放題といった状態である。でも、僕自身は大体どのあたりにどんなものを置いているのかを空間で把握している。先日も研究の打ち合わせに来た客がある論文を忘れてきて、「ああ、それなら確かこの辺にあったはず」と5分もかからない捜索の末に発見し、驚かせた。しかし、それと散らかっているのとはやはり別。僕は他人から見ると、とてもきれい好きという類の人間ではないらしい。

そもそも僕にとって、自分が占有する空間がきれいに片付いている必要はあまりない。炬燵（こたつ）から手の届く範囲にものを置いておきたがる人のように、パソコンデスクの周囲に書類を山積みにしておくと、複数の事務作業を同時にこなす場合には大変便利である。僕はわりと忙しいのだ。一方で、複数の人が使う共有空間については、結構きっちりと掃除をしたりする。小学生の頃は通信簿に、「掃除をよくやる」と書かれて褒められたものだ。

僕がきれい好きぶりを大いに発揮できるのが、まさに標本作製の場といえる。僕が集めている標本の材料は、た

僕はきれい好き？

いていの人がゴミと認識しているような交通事故の死体であったり、どこかで発見された腐乱死体であったり、一般に「汚いもの」として扱われるものが多い。これを僕なりの方法できれいにしていくのが快感である。ものがきれいになって、しかるべきところに保管されていく様を見るのは大変楽しい。

僕が標本に目覚めた学生時代、所属した山奥の牧場研究施設は、民家から隔離された理想的な標本工場だった（24ページ）。運び込まれる材料は小さいものから大きいものまで様々であるが、皮を剥いて内臓を取り出し、肉と骨の状態にするところまではすべて同じである。小型のものはカツオブシムシやミールワームといった昆虫に肉を食べてもらう。彼らは僕よりもずっとナイーブなきれい好き屋さんで、細かい骨に傷をつけることなく、上手に骨だけを残してくれる。中型のものは電気式の煮込み鍋で処理する。1週間くらい沸騰しない程度の温度のお湯で処理すると、肉はきれいに分解されて骨が残る。大型動物の全身となると、もはや鍋では処理できない。そこで我々が使っていた手段は「水漬け」だった。骨を部分ごとにバラバラにして、水を張った丈夫な衣装ケースに入れて、あとは季節が過ぎるのを待つ。もちろん中では様々な微生物から有象無象が繁殖して、骨を適切に処理してくれる。

ひと夏を越せば頃合いである。ケースの蓋を開けると、水は褐色から黒色の液体へと変化を遂げている。普通の人ならとても触れることができないような汚物だが、濃厚な液体を捨てると、なんとびっくり、きれいな骨ができているのである。とはいってもまだ汚れているし臭いもひどい。これを水道で洗浄して、さらにしばらく水にさらしてから乾燥させれば、誰もが「死体」ではなく「標本」と認知できるものが仕上がるのである。汚いものを制した者だけが、究極のきれい好きといえるのだ。といっても、やはり誰も同意してくれないだろうな。

包丁さばき

November 2013

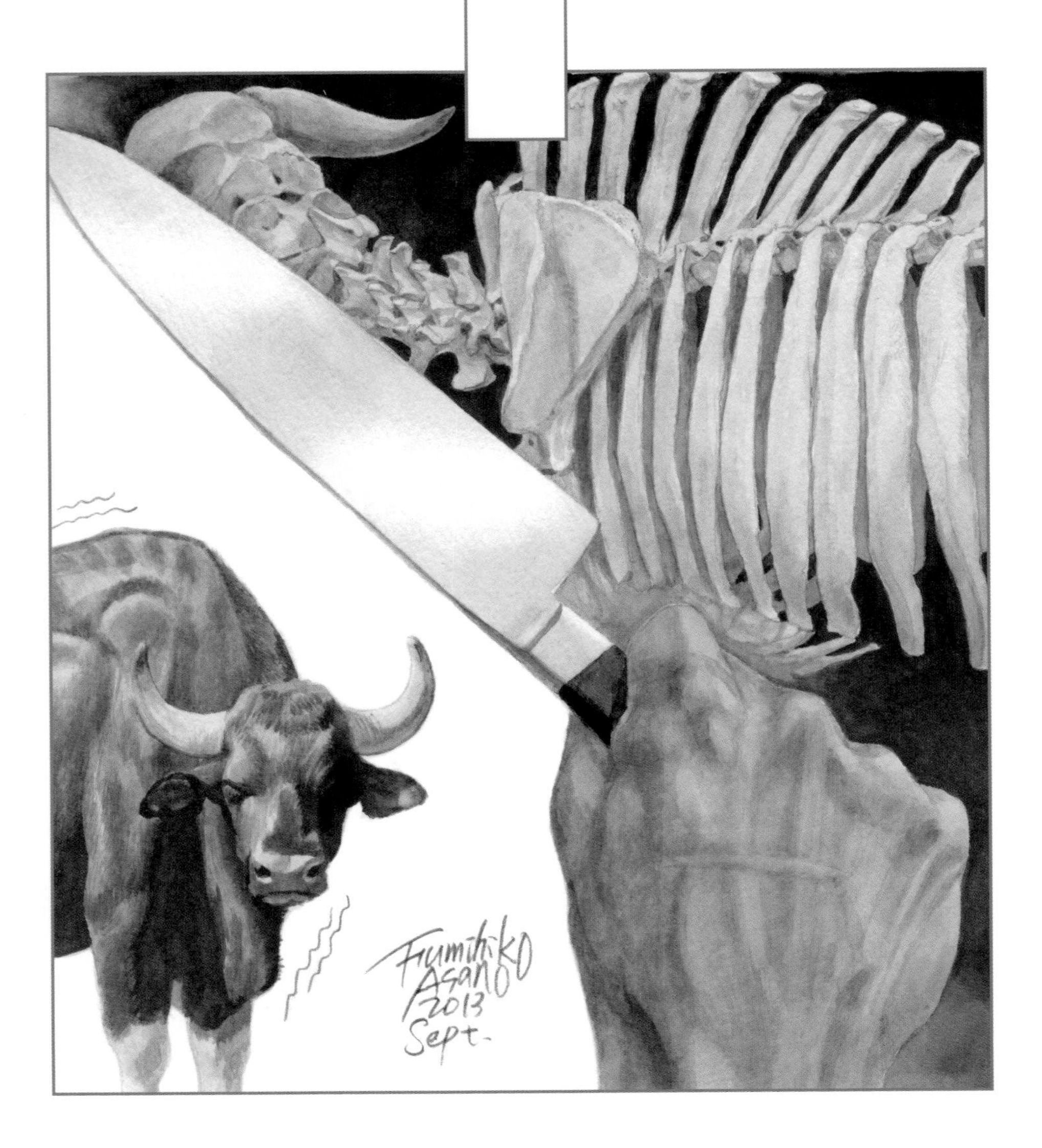

肋骨骨頭部の周囲に上手に刃を入れて、「さくさくばりばり」と骨がはずれていくのが心地よい。

大学生の頃、僕は弘前大学の北溟寮という自治寮で暮らしていた。寮生活によって僕はお酒の楽しみ方から人間づきあいといった、生きていくうえで大切なことを学んだ。「北溟」というのは『荘子』の冒頭にある「北溟に魚あり」という部分から取られたもので、それもあってか僕の本棚にはこの本が並んでいる。

その『荘子』のなかに「庖丁解牛」という話がある。庖丁という料理人が王様の前で牛をばらし、その見事な様子に王が感動し、話を聞くことにより道を得るという内容で、「庖丁」は「包丁」の語源になったことで有名だ。

同業者のうち多くの解剖学者がフランスのジョルジュ・キュヴィエやイギリスのリチャード・オーウェンを崇拝するのと違って、僕の憧れはこの庖丁である。

庖丁が言うには、骨と骨の間には隙間があって、彼が使用している牛刀[*1]の幅よりもずっと広いので、刃を十分に回して解体することができるのだそうだ。彼はこの牛刀を19年使用して、数千の牛を解体したが、驚くことに刃先は全然こぼれていなかったという。

解体する際に僕が主に牛刀と呼ばれる包丁を使うのはこの影響である。動物園などから大型動物の死体を提供していただいた際、これをバラバラにしないことには処理槽に入れることができない。そこで徹底的に除肉・解体していく。肋骨などを折らないようにはずしていく作業は、まさに包丁さばきの見せどころである。肋骨はウシやシカといった偶蹄類ならば13か14対、一方ウマやサイなどの奇蹄類では18か19対もあり、気合が入るのはもちろん後者のほうだ。肋骨骨頭部[*2]の周囲に上手に刃を入れて、「さくさくばりばり」と骨がはずれていくのが心地よい。はずした肋骨は順番がわからなくならないように、麻紐で順に結わえる。

　脊椎骨も分断するのが難しい場所だ。種によっては関節部がとても入り組んでいて、そこに刃を入れていくことはなかなか困難である。上下左右に椎骨の連なりを動かして、骨と骨の隙間を、時には手探りで見極めながらそこに刃をあててみる。庖丁は、「筋や骨のかたまったところに来るたびに、私はその仕事のむずかしさを見て取って、心を引き締めて緊張し、そのために視線は一点に集中し手のはこびも遅くして、牛刀の動かし方は極めて微妙にいたします」という。僕の場合は、さすがに牛刀では難しいところはより刃の薄いメスをあてて隙間を開いていく。これは、僕が自分の技の未熟さを感じる時

＊1 牛刀……塊の肉を小さく切ることに向いた、調理用の包丁。

＊2 骨頭部……関節部分となる骨の先端の球状になっているところ。

である。

大型動物の解体では、研究室のメンバーも参加しての作業となるのだが、こういったはずすのが難しい部分の解体ほど、やたらと人気がある。作業がほぼ完了し、見渡すと、頭部だけ除肉されないままに残っていることが多い。頭骨は研究するには有用な部分であるのだが、こと解体作業においてはただ肉を剥がすだけで、技を磨くには魅力的な部分ではないらしい。皆、道を極めようとする者たちである。

僕の使っている牛刀は、学生の頃にすでに故人となった友人が研いでプレゼントしてくれたもので、もう10年くらい愛用している。庖丁の19年にはまだまだ及ばないし、牛サイズのものを数千も解体してはいないのだが、少しずつ技術は上達していると思いたい。

大物の思い出

May 2014

「近くの材木屋で ユニック付のトラックを借りて運べばいいだら」

このところ鰭脚類[*1]の標本作製を手伝っている。海の哺乳類は僕の担当ではないのだが、陸の哺乳類よりも大型のものが多いので、巨大なものを扱うときには協力している。すると学生の頃のある思い出がよみがえってきた。

2004年の3月のこと、当時僕は名古屋大学大学院で研究生として貧乏生活を営みながら、モグラへの探求を進めていた。毎年この時期は実家のある岡山に帰省することにしていて、ちょうど愛車の軽バンで岡山に向かっていた途中に、指導教官から電話が入った。某水族館でアザラシとトドの死体を提供してくれそう、とのことである。詳しい状況がわからないので、とりあえず岡山からの帰りに水族館に行ってきてほしいという。知り合いの猟師さんからトドの肉をもらって料理したことはあるが、まだ海生の食肉類を解剖したことはなかった。「トドは大変そうだけど、アザラシか、面白そうだな」と、手頃なサイズのアザラシを想像していた。ちなみに、トドの肉は魚臭があるが、カレーにするとシーフード系の味がして大変おいしい。

名古屋への帰路、詳しい情報を得るべく水族館を訪問した。担当者にお話を聞くと、トドは予想どおりかなり大きい個体らしい。一方のアザラシはというと、なんとゾウアザラシで、こちらもかなりのサイズだそうだ。どちらも木枠に入れて冷凍してあるという。この情報を持ち帰り、先生に話したところ、金はなんとかするからやってみろ、との返答である。そうは言われてもどうやって運んだらいいのやら。僕が研究拠点にしていた施設の後藤技官に相談したところ、「近くの材木屋でユニック付のトラックを借りて運べばいいだら」とのこと。すぐに材木屋さんに電話をしてくれた。輸送費については、ガソリンは満タンにして返すとして、車代は日本酒2升くらいでいいだろうという。水族館の担当者に我々の計画を連絡し、日程調整を行った。

受け入れの朝、我々は後藤技官が運転するユニック付4トントラックで施設を出発、渥美半島からフェリーに乗って対岸の志摩半島へと移動した。水族館で展示を見させていただき、いよいよ個体が保管されている場所へ到着した。個体は4メートルほどの木枠に収まり、なんとか荷台に載るサイズである。保管会社の方はフォークリフト2台を上手に操作して、難なく荷台へと木枠ごと上げてくれた。後藤技官がロープで見事に木枠を固定して、受け入れはスムーズに完了した。夕方には研究施設のある設楽町に帰還し、荷

＊1 鰭脚類……ヒレ状の手足を持ち、水中生活に適応した哺乳類グループの一つ。

卸しをしてトラックも返却できた。

さてここからが大変である。ブツは完全に凍っていて、2日後くらいにようやくトドの皮が剥けるようになってきた。これを除肉して骨にするのに約2日。ちょうどその頃にゾウアザラシがとけてきて、これを骨にするのにまた4日程度。都合10日かけて4人くらいのメンバーで除肉をした。ところがこの骨を水漬けにする容器がない。ここでまた後藤技官に相談したところ、

「ガソリンスタンドに頼んでドラム缶を切ってもらえばいいがね」とのこと。


さっそくドラム缶を入手して、ゾウアザラシは大型の衣装ケース3つとドラム缶1つに収まった。皮や肉は残せないので施設のショベルカーで牧場のわきに埋めて作業が完了。いいタイミングで学生の一人が炭をおこしてくれていたので、バーベキューで労をねぎらった。完璧なイベントであった。

ユニック付トラックにしてもドラム缶にしても、田舎町ならではの人のつながりを大いに発揮した出来事であった。協力して一つのことを成し遂げるというのは素晴らしいことである。

モノを集める楽しみ

July 2014

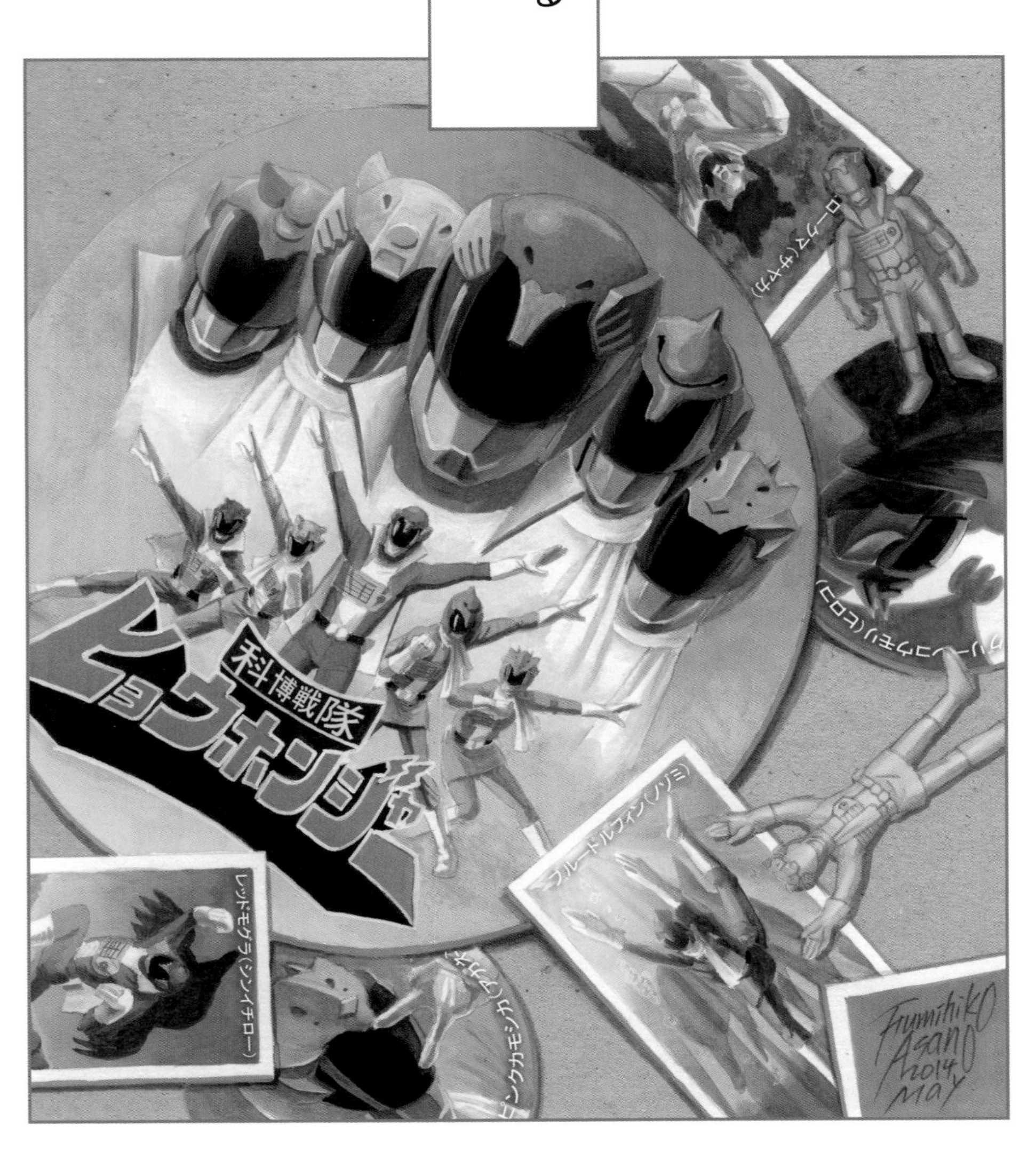

珍しい虫（レアアイテム）を近所でゲットしたときの感動が、今の僕の原点だ。

2歳と5歳の男の子の父として、日曜日の朝はヒーローものの番組を視聴することから始まる。僕が子供の頃は『秘密戦隊ゴレンジャー』が毎週の楽しみだったが、現在は家族みんなで愛してやまなかった『獣電戦隊キョウリュウジャー』が2月に終了、『烈車戦隊トッキュウジャー』が新たに始まった（※2015年2月放送終了）。

『キョウリュウジャー』はストーリーも面白かったが、子供たちの好奇心をそそる仕組みという意味で、相当に優れていた。恐竜は博物館でも子供たちの大好きな動物群である。哺乳類もわりと人気が高いほうだが、さすがに恐竜には敵わない。2010年に僕が企画した「大哺乳類展」は34万人の来館者があったが、恐竜の特別展には50万人以上が来館するのだ。戦隊ものはなんでも語尾に「ジャー」を付ければいいのかといった意見はさておいて、恐竜人気に目を付けたテレビ局はさすがだし、そのスポンサーの玩具会社はかなり儲けただろうと想像する。

「好奇心をそそる仕組み」と僕が表現したのは、番組に関連する玩具のラインナップである。『ゴレンジャー』にはロボットは登場しなかったと思うが、今では悪者にとどめを刺すのは大型ロボットの役目。恐竜のロボットが大活

モノを集める楽しみ

躍し、しかも複数の恐竜ロボットが合体変形するというおまけつき。10種以上もの恐竜ロボットが玩具として発売されれば、そりゃあ全部集めたくなるのが男の子の心理である。さらに高額なロボット玩具を買ってもらえないうちの子供たちに向けては、安価な「獣電池」なる変身アイテムまで20種以上も揃えて販売していた。これなら僕だって全部集めてみたくなる。戦隊のメンバーが使用する武器も多様で魅力的だ（しかもやはり合体する）。なお、2月という変な時期に新番組へと切り替わるのは、クリスマスや正月という子供たちが裕福になる時期を、番組終了に向けての在庫整理に充てているのだろうと推察される。

一方アニメでは『ポケモン』、そして最近では『妖怪ウォッチ』であろうか。特に後者は子供たちに大人気で売り切れ続出、なかなか購入するのも難しい。玩具界のレアアイテムになりつつあるように思われる。子供たちはテレビでそれを見て、「○○系のポケモン」などと言って分類学まがいの知識を身につけていく。こういったところから「ものを類別する楽しみ」も覚えていくのだろうな、と感心しているが、一つだけ小言を言わせてもらうと、これらの番組で使用される「進化」という用語は正しくない。同じ個体が成長とともに姿を変えていくのを正しくは「変態」という。

モノ集めは楽しい。僕が昆虫少年だった頃、虫を捕まえては標本にして保管するようになったのは小学4年生くらいからであっただろうか。たぶん夏休みの宿題か何かで提出するものを集め始めたのが最初ではないかと思う。珍しい虫（レアアイテム）を近所でゲットしたときの感動が、今の僕の原点だ。昆虫だけでなくどんなものでも集めてきた。切手からウルトラマンの怪獣消しゴム、ビックリマンシールなどなど。高校生くらいまではなにがしかを集めずにいられない性質（たち）であった。大学生になってアルバイトを始めれば、好きなバンドのCDは網羅的に集めていった。自分で稼ぐようになれば集めるものも高度になり、昆虫から始まった標本収集は、今では哺乳類の毛皮や骨である。

子供たちよ、モノを集める楽しさを忘れないでおくれ。僕は玩具集めを否定しない。父が命を賭けている自然史標本の収集活動を理解するきっかけになってほしいと思う。ただし、お金には限りがある。あまり無理を言わないでおくれ。

毛皮鞣（なめ）し

January 2015

剥き始めから丁寧に、毛根が見える程度まで薄く剥いていくことが重要だ。

日本での狩猟人口は高齢化が著しいのだという。かつては狩猟によって人里周辺の獣は狩られ、人の生活と獣の間で均衡が保たれていた。ところが今は狩猟する人が減ったために人里に様々な獣がやってきて、人との衝突が絶えないという状況がある。一方で、近年では猟師になった若者の本がいくつか出版されていて、その経緯や動物の利用に至る内容を大変興味深く読ませていただいている。特に毛皮を処理してやわらかい皮として利用する鞣(なめ)しの工程は標本化作業に応用できるところもあり、参考になる。大型哺乳類の標本としては骨格標本が主たるものだが、哺乳類の標本はやはり骨と毛皮が揃っているのが理想的、ということで、毛皮鞣しという工程も必要な技の一つということになろう。

ネズミやモグラなど小型の動物の場合、毛皮を残すのは簡単である。皮を剥いて裏に薬品を塗り、綿を詰めて縫い合わせ、乾燥させるだけでよい。これは仮剥製と呼ばれる研究用の剥製の製法だが、僕は最大のものでツチブタやオオアリクイまでは作製したことがある。ところがそれ以上の大型のものになるとなかなか大変な作業であるし、収納場所も考えなければならない。そこで折り畳める程度にやわらかい毛皮

毛皮鞣し

標本を作製する必要がある。

　体が大きいと皮下組織も分厚く、脂肪も多いので、それらをうまく除去してやる必要がある。プロの鞣し職人は「セン」と呼ばれる、湾曲した刃の両方に取っ手が付いた刃物を使用するという。僕が知り合いからもらった「セン」は錆びてしまって今は使えないので、仕方なくメスで皮の裏を削ぎ落とすようにして余分な脂肪や皮下組織を取り除いている。剥き始めから丁寧に、毛根が見える程度まで薄く剥いていくことが重要だ。剥いた皮は裏に塩をしっかりとすり込んで、取り出すのが面倒な耳や鼻の軟骨部分にはホルマリンを注射しておく。ここまでやって冷凍庫に保存しておけば、いつでも次の作業を開始できる。塩はすごい保存薬である。

　さらに、お湯1リットルに対してミョウバンを100グラム程度溶かした液体にこれを入れて処理すると、毛根が締めつけられて毛が抜けにくくなるのだという。僕は涼しめの作業室で1週間くらいかけてこの処理をしてから水洗いしている。ここまでは一人でもやれるが、この後は人力が得られそうなときを選んで「鞣し大会」を行う。天気がいい日にこの処理済みの毛皮を外に持ち出し、乾燥させながら皮を揉みほぐしていくのだ。これをしないと、皮は硬くなって収納が困難な邪魔者になってしまう。日光と風が皮の裏側を少しずつ乾燥させて、程よく黒ずんできた頃を見計らい、今度はペンチで皮を引っ張って皮下の繊維を引き伸ばしていく。するとその面は白っぽく鞣し皮らしい色合いになるので、さらに余計な繊維を軽石でしっかりとこすってやわらかくしていく。これを動物の皮1枚分やっていくのだから、大変な労力である。ちょっとでもサボると皮は硬いまま乾燥しきってしまう。最近では電動サンダーやグラインダーなどの電気工具の力も借りて、ほぼ一日かけて作業する。

このような感じで研究棟の外にお店を広げてトラやシマウマの毛皮を鞣しているものだから、時には別の研究室の人やら事務の人やらが観覧に来て、ちょっとしたイベントとなる。ありがたいことに誰も迷惑そうな顔はしない。完成した鞣し皮は貴重な標本として収蔵されている。

趣味の音楽

March 2015

僕の標本収集に目的はないが、目標や夢はある。

国立科学博物館には哺乳類標本が「巨万（ごまん）」とある。ハナ肇とクレージーキャッツの歌に「五万節」というのがあるが、どうやら5万という数字には大きい数の象徴的ニュアンスがあるらしく、一つの区切りとなるものであるのかもしれない。

さて、10月半ばに国立科学博物館の哺乳類登録標本は5万点を突破した。右記の「節」に合わせて♪ひょーほんとーおろくごまんてん♪と歌いだしたいほど喜んでいる。

2年ほど前、登録番号４００００番を付けるときには何か記念になる標本を登録しようと思って、高知県の知り合いに四万十川産のもので寄贈していただけるものがないかと相談した。このとき送っていただいたコウモリ2点は、４００００番と４００１０番として登録されている。洒落っ気がある登録標本というのも面白いものである。

記念すべき５００００番としてはあまり面白味がないのだが、僕の大のお気に入りであるモグラの一種、ミズラモグラの標本を登録した。これは当館の支援研究員であるサンショウウオ研究者が福島県で行われているサンショウウオ漁の罠で混獲されたものを譲り受けたものである。ちょうど最近ミズラモグラの分類をちゃんとしなくては、

5万点

と思っていたところであり（200ページ）、研究面でも役に立つ個体であった。ちなみに、僕の前任者はジャイアントパンダの「フェイフェイ」を30000番に登録している。「キリ番」というのは集める人の心を刺激するものなのだろう。

国立科学博物館に現存する哺乳類標本は関東大震災後に当時の宮内省帝室博物館天産部から引き継いだコレクションが基礎となっており、この時代の台帳には958番までの登録番号が付されている。このなかでも、福島県で1870年頃に捕獲されたというニホンオオカミに100番が与えられていて、やはりキリの良い番号に対するこだわりが見受けられる。100番は常設展示で剥製と全身骨格が展示されているので、見たことがあるという方も多かろう。なお、100番より若い番号の標本は収蔵が確認されておらず、廃棄あるいは紛失してしまったらしい。最も古い標本がこの個体ということになる。

その後、標本数が伸び悩んだ時期もあったようだが、1950年代になって今泉吉典（よしのり）先生が哺乳類担当となってから、小哺乳類を中心として標本数の著しい増加がみられる。今泉先生はあまりキリ番には興味がなかったのだろうか、10000番は1964年に登録された北海道産のヒメネズミという普通種である。同じく東京都産のクマネズミという住家性のもっと普通種が20000番として登録されたのは1978年のことであるから、この間1万点の標本を集めるために14年が経過していることになる。前述のジャイアントパンダが30000番に登録されたのは1996年頃のことのようで、やはり18年が経過している。

こうして見ると、僕の異常ぶりがよくわかる。今年は僕が国立科学博物館に就職して10年目で、33000番台後半の頃に前任者からこの職を引き継いだ。登録した標本はすでに1万6千点を超えている。

僕の標本収集に目的はないが、目標や夢はある。それは国立科学博物館の哺乳類標本を10万点のコレクションにするというもので、せめて欧米の自然史博物館と桁くらいは揃えてやりたい。日本のナショナルコレクションを自然史研究の歴史ある欧米並みにする。この調子でバカを続けていけば、この点数はきっと夢などではなく、達成可能な目標に違いない。

身の回りの標本作製道具

July 2016

もう一つこだわっているのが三角コーナーネットである。

『ドラえもん』を観ていて考えた。あんなひみつ道具があれば標本収集もどんなに楽になるだろうか。タイムマシンやどこでもドアがあれば、世界中のモグラを集めたり、恐竜の剥製を作ることだって可能だ。でも一番欲しいと思ったのは「タイムふろしき」というやつで、これさえあれば解剖が終わったあと、鍋に入れて風呂敷を掛けるだけであっという間に骨標本の完成となるだろう。大型動物の場合、鍋で煮て骨になるまで３週間くらいかかる。この時間を短縮できるといいなあ、といつも考えていたのだ。

とはいってもドラえもんがこの世に登場するまでには、かの巨匠によればあと１００年ほどかかるわけであるから、そんなに待ってはいられない。そもそもあんな便利な道具が僕の持っている研究費で購入できる値段とは思えない。仕方ないので現在あるもので粛々と作業するしかあるまい。

我々が標本作製に使用する道具というのは、例えば特注の大型動物処理槽といった高価な機器もあるのだが、意外と身の回りのものでまかなわれていたりする。限られた予算、上手に利用しなければあっという間に赤字となる。

その代表的なものが歯ブラシである。お掃除上手な人であれば、使い古した

身の回りの標本作製道具

歯ブラシを細かいところの汚れを落とすのに利用したりするであろうが、僕の場合は骨洗いに使用する。毛がへたった歯ブラシは研究室へと持ち込まれ、余生は動物の歯だけでなく頭骨から体骨格まで全身を隅々まできれいにするために使用されるのだ。特に僕が歯磨きに愛用しているL社の某歯ブラシは素晴らしい。奥歯までしっかり届くコンパクトなヘッドは、比較的小型の頭骨の大後頭孔（だいこうとうこう）と呼ばれる頭骨後ろの穴に挿入され、脳を除去して内側から頭骨をきれいにするのにうまく機能してくれる。

頭骨標本を作るときには、この「脳出し」という作業が大切で、モグラくらいのサイズだとお湯で軽く煮たあとにこの作業を行う。モグラの脳出しに使い勝手がいいのが、耳かきである。先端が匙（さじ）状になっているので、それこそ耳垢をほじり出す要領でモグラの脳を掻き出していく。いろんなサイズの金属製の丈夫なものを用意しておくともっと便利で、様々な太さの針金をハンマーでたたいて、先端を匙状に変形させて製作する。これでいろいろなサイズの「孔」に対応できるわけだ。フィールドでこういったものが必要になった場合には、竹をナイフで細く削って、先端を火であぶりながら曲げて即席の耳かきを作ったこともあった。

もう一つこだわっているのが三角コーナーネットである。これは全身骨格を作製するときに頭・手足・尾といった部分を小分けにして煮るのに使うが、一般に普及しているものでは耐久性が弱く、繰り返し使えなかったり、処理中に破れて骨がこぼれてしまうことがあった。そこでアシスタントに頼んでいろんな製品を購入してもらい、試して比較したところ、非常に耐久性があり、網目のサイズも小さな骨がこぼれない程度の「これ」という品が見つかった。以来、この商品を箱買いして使用している。

ネットといえば洗濯ネットがこの業界では定番で、僕も使用している。これは網目が非常に細かいので、小型動物の指先の骨まで逃さない。しかも今や100円ショップで購入できるので、まとめて買い占めだ。もし、みなさんの近所の100円ショップで洗濯ネットが品薄になると感じられるならば、近くに標本バカが生息しているのかもしれない。

レアゲット

August 2016

どれほどの100円玉を この機械の餌として投じたことか……。

息子たちの物欲が過熱している。最近の彼らのコレクション構築方針はガンバライジングカードと呼ばれる、仮面ライダーのゲームに使用されるキャラクターカードに向けられている。このカードには希少性に基づくランキングがあり、高いものほど美しく彩られていて収集欲をそそる。特にレジェンドレア（LR）と呼ばれる最高位の数種は、ネットの情報によると100枚に1枚くらいしか出ないそうだ。珍品を集めようとする欲望は子供も大人も同じで、このところは僕のほうが熱くなってしまっているかもしれない。ただゲームを楽しむだけでなく、コレクションの充実を図るために機械に100円玉を続けて投入し（これを専門用語で「連コ」というらしい。「連続コイン」の意）、経済的な支援を怠らない。

僕が小学生の頃もこういったグッズの珍品と呼ばれるものがあった。ウルトラマンの怪獣消しゴムなどの場合、ガシャポン機にひたすらコインを投入して収集するのであるが、ある時友人がどうやって入手したのか、タイラントというウルトラマンタロウに出てくる超強力怪獣のレア消しゴムを学校に持ってきた。これはどうしても欲しいと交換を希望するが受け入れられず、仕方なくなけなしの小遣いで機械を回

レアゲット

しまくるのだが手に入らない。悔しい思いをしているうちに、その友人のコレクション熱が冷めてきて、ある時ついにヒラタクワガタ1匹と交換することができた。物の価値というのは時を経て変動するものなのである。

さて、我が家のカードコレクションは結構な枚数に達したが、まだLRカードは一枚もなかった。悔しいので価格が下落したものをネットショップで購入しようかと検討したのだが、息子たちの自力でゲットしたいという情熱は一向に冷めない。確かに売られているものを買うよりも、偶然ひょこっと出てきたほうが付加価値も高かろう。

我々は完全に玩具業界の術中に陥っている。そしてせがまれるままにゲーム機に排出させたカード数枚で、ついに、キラキラと激しく輝くLRカードが出たのである。この時の喜びようといったら、子供たちよりも僕のほうが上であった。どれほどの100円玉をこの機械の餌として投じたことか……。

この瞬間、大学院生の頃の思い出がフラッシュバックしてきた。僕は2001年9月中旬、アメリカ合衆国のミシガン州にいた。同時多発テロが勃発したちょうどその頃である。知り合いの研究者に頼まれて、ブラリナトガリネズミという毒を持つ食虫類を採集するためだったのだが、僕がこの依頼に応じて渡航したのにはもう一つの目的があった。この地域にはモグラ類のなかでも超珍品レア度が高い、かのホシバナモグラが生息しているのだ。依頼された調査の傍らこれを捕まえようという魂胆だった。しかし、さんざん罠を仕掛けるがなかなか目的のレアモグラはゲットできず。日程も終わりに近づいた9月14日、ようやく1生体を捕獲することができた。この時の僕の写真はあちこちで使用したのでネットでもすぐに見つかると思うが、周囲からは川田伸一郎史上最高の笑顔といわれている。空港も閉鎖され、同行者らが帰国できるのかと心配するのをよそに、にやにや笑いながら標本作製していた。

きっと今回も同じような笑顔だっただろうと想像している。子供たちはちょっと引いていた。

インセクト・フェア

January 2017

普通の主婦は
ミイロタイマイなどという名前は知らない。

何度か子供の趣味に関する話題を書いてきたが、恐竜や深海生物から始まった彼らの関心はいよいよ昆虫へと向かい、かつて昆虫少年だった父としては嬉しい限りである。ようやくここに至れり、という感だ。毎日図鑑を眺めては昆虫の名前を覚え、虫採りにいそしんでいる。最近は昆虫標本の作り方を教えてほしいとねだるようになった。父の洗脳活動は順調に進んでいるようだ。

そんな上の息子の８歳の誕生日が近づいた頃、プレゼントは何にしようかと悩んでいたら、標本観察に来た学生から東京でインセクト・フェアなる催しがあることを知らされた。しかもその日はまさに誕生日当日である。世界の昆虫標本が一堂に会して、通常では考えられないような安価で販売される即売会なのだという。昆虫少年ＯＢとしては、ぜひ行ってみたい。そして息子の誕生日祝いに何か標本を買ってやるのもよいのではないか。

その夜帰宅してから、怪しい提案に怒られるのを覚悟で妻にインセクト・フェアの話をしてみた。ところが意外にも好反応で、うちのインテリアに蝶の標本を飾ってみたいと考えていたのだという。妻は子供たちと一緒に世界の昆虫図鑑などを眺めているうちに、

インセクト・フェア

昆虫少年ウィルスに侵されてしまったらしい。思えば子供たちが小さい頃から今森光彦さんの昆虫切り紙の本を愛読しており、器用にたくさんの作品をこしらえていたので、その頃には昆虫主婦の萌芽はあったようにも思える。ミイロタイマイという、日本のアオスジアゲハに近縁な蝶の標本が狙いなのだという。普通の主婦はミイロタイマイなどという名前は知らない。

そしてインセクト・フェア当日、会場内はすごい熱気に包まれ、年配の方から若者まで、大勢の虫屋たちが集っていた。なかには子供連れの人も多少見受けられたので、我々と同じような目的の方がいたのかもしれない。上の息子の希望は彼が大好きなコーカサスオオカブトである。下の5歳の弟は、兄の誕生日に便乗してクワガタの標本を買ってもらう気満々だ。2人を連れて甲虫の販売店を見て回る。値段はピンキリだが、ものによっては1000円、2000円という安売りコーナーも設けられており、そこにサイズ的にも納得がいくコーカサスを見つけて、めでたく誕生日プレゼントを確保することができた。下の息子は1000円のマンディブラリスフタマタクワガタが相当気に入ったらしく、彼の機嫌を損ねないために野口英世一枚と交換することになった。1000円でこれが入手できるのは、この標本に採集地等のデータが欠如しているからだろう。データを欠く標本は価値が低い。そんなことはどうでもいい子供たちはまだまだ甘い。ちなみに2人ともすでにこの長いクワガタの名前を暗記しており、子供の記憶力とはすごいものだと思う。お店の方も次々と標本の名前を連呼する彼らを絶賛し、誕生日ということでホウセキゾウムシの一種をおまけしてくれた。

その間、妻は一人で蝶の標本エリアを吟味し続けていた。ミイロタイマイのほかにベニスカシジャノメや僕が知らないいくつかの蝶に目を付けて、もちろん値段も考慮しながらピックアップしていく。正直、ここまで真剣に選んで購入するとは思っていなかった。希望の品がゲットできた妻は、「あなたも何か買ったらどう?」と言うのだが、家族の満足いく買い物におなかいっぱいで、「僕にとって標本は自分で集めて作るもの、買うものじゃあない」とプロらしく返しておいた。

クロウサギの大手術

July 2017

名だたる欧米の博物館でさえアマミノクロウサギの標本を5点も持っているところはない。

久しぶりにベトナムにモグラ捕りに行ってきた。北部の山にこもってキャンプを張り、悪天候に加えて風呂なしという不潔滞在で、調査も全くはかどらない。過酷な状況下で筒状のくくり罠を設置して、ようやく捕獲した最初のモグラはなんと後頭部から胴にかけての骨と肉が完全に失われており、破れた皮膚だけの状態だった。要はペチャンコのズタズタだったのだ。これはしばしばみられるもので、おそらく罠にかかって死亡したモグラの後にやってきた、トガリネズミというモグラよりも小型の食虫類によって食害されたものであろう。トガリネズミはモグラよりも小さく、共食いの性質もある。皮膚に穴を開けてモグラの内部に入り込み、肉と骨をくりぬくように食べることもできる。アマゾン川にそんな行動をするおっかない魚類がいると聞くが、少し似ている。

せっかく苦労して捕獲した貴重なモグラ。もちろん捨てたりはしない。よく観察すると皮膚の穴は切り取られてしまったわけではなく裂けただけ。腐ってもいない。これならなんとかなる、と判断して肉が残っていた頭部と肩周りの皮を剥き、綿を入れてから丁寧に7か所ほど縫い合わせて仮剥製標本を作った。それを見ていた周囲の研

クロウサギの大手術

究者は大絶賛。仕上がったものは普通の仮剥製とも遜色ないもので、僕は得意げ。布きれだって合わせれば素敵なパッチワークになる、というのは言いすぎか。

ぼろぼろの個体を保存する場合、多くの人はせいぜいアルコールにつける程度だろうが、僕はこういった大手術には慣れている。例えば交通事故の死体などをもらうと、様々な部位が轢かれて破れている。普通、皮を剥くときには下腹部に切れ目を入れて内部を取り出すのだが、僕の場合は時には背中、また時には首といった破れた箇所から骨肉を取り出し、傷口を縫合して標本とすることができる。皮を剥く前に傷口がどの方向に裂けているのかを確認しておくことが肝要である。縦に裂けた傷口を横に縫合してしまっては、出来上がった標本はいびつなものとなってしまう。

訓練というのは大切なもので、僕はおよそ皮の状態を見れば裂け目の方向を推測することができるし、それを器用に縫い合わせることができる。こういった能力に磨きがかかったのは、数年来収集しているアマミノクロウサギの標本に負うところが大きいかもしれない。この日本の貴重な宝ともいえる動物はみなさんもご存知だろうが、奄美大島と徳之島だけに分布する固有種だ。生息数はそれほど多くなく、最も絶滅の恐れが高い種の一つとされている。もちろん捕まえて標本にするわけにはいかない。奄美大島の野生生物保護センターが収集した斃死体の提供を受けて標本化を進めている。死体は交通事故もあるが、野犬に咬まれたことによるものも多い。結果、皮膚はかなり切り裂かれている。こうなれば毛皮はあきらめて骨だけ残すのが普通の判断だろうが、僕はそうではない。オペを開始する。

ところがこのオペ、そう容易ではない。ウサギの皮膚は非常に破れやすく、相当注意して剥かないと小さな穴が開き、そこからどんどん裂けていく。剥皮が終わった頃には新しい裂け目が増えているので、縫う箇所は多くて十数にも及ぶ。そのように苦労して作製した標本が100点近く集まった。名だたる欧米の博物館でさえアマミノクロウサギの標本を5点も持っているところはない。日本の博物館ならではの、お宝コレクションである。

＊1 斃死……動物が行き倒れて死ぬこと。

標本描画

September 2018

なにより、描くという行為は、
細かいところまで観察する能力を養ってくれる。

この連載では毎回、浅野文彦さんによる素敵なイラストが花を添えてくれている。僕が書いた文章にマッチしたイラストを考案してくれて、時にはコミカルに、時には標本作業のニオイまで伝わりそうなリアルなものまで、精彩に描写してくれる。絵がうまいというのは本当に素敵な能力だ。

見ただけで対象の特徴をとらえたイラストをさらさらと描けてしまう人がこの世にはいて、僕の妻もその一人である。その妻に指導を受けた子供たちもなかなか絵がうまい。これは悔しい。僕は描画という行為が大変苦手なのだが、モグラ分類学者という建前上、たまには苦労して骨のスケッチなどを描くこともある。ただしモグラそのものを描けと言われれば、毛の質感がうまく表現できず、奇妙なサツマイモに足が生えたようなものが出来上がって、子供たちに笑われるのがオチ。

標本のイラストを論文に掲載するのは重要な作業である。今ではコピー技術が発達したので頭骨の写真でもまずまずの状態で複写可能であるし、電子媒体でも論文が出版されるようになったが、かつては例えばモグラの記載[*1]論文のコピーを海外から取り寄せて読むと、写真は陰影がつぶれていて、標本の特徴が図から判別できないようなこ

標本描画

とがよくあった。一方で、線と点で描かれたものはコピーでもしっかりと原図の様子が再現されている。なにより、描くという行為は、細かいところまで観察する能力を養ってくれる。

僕が骨のスケッチを始めたのは、標本に覚醒したのと同じく、ロシアへ留学していた時だ。かの地の研究者は体系的に標本を収集するだけでなく、調査した個体について詳細なスケッチを本に残している。モグラの分類学で著名なストロガノフが１９４８年に出版したモノグラフを入手して勉強していくうちに、骨の凹凸が見事に読み取れるスケッチに魅せられていった。幸か不幸かこの頃はデジタルカメラが普及する前のことで、僕には安物のフィルムカメラとノギスで図った計測値しか標本の形を記録する手段がなかった。そこで僕も描いてみようと思った。

姿をそのまま形として描ける人ではないので、頭骨の輪郭を描くのにも左右が非対称になって美しくない。頭骨各部の長さや幅をグラフ用紙にプロットして、それを線でつないでいく作業から、僕の絵画学習はスタートした。輪郭が完成したら影を付けていく作業だが、ストロガノフなどロシアの研究者は筆圧で線の太さを器用に変化させて曲線を描き、骨の湾曲の様子や影を

＊1 記載……ある生物において分類群を定義するのに、その主要な形質や特徴を、図や写真などを使って記述すること。

表現している。僕にこのような芸当はできないので、どこで学んだか知っていた点描画でひたすらうまく凹凸が出るように工夫を重ねていった。初期に描いた頭骨のスケッチは、僕の書棚に眠る〝学習の記録〟としてとても大切にしている。

今では頭骨の輪郭はデジタルカメラで撮影したものを印刷してトレースするようになったし、大きく描いたものを縮小コピーすると見栄えが良くなることもわかったので、かなり手抜きになったかもしれない。でも神経孔のように頭骨に開いた孔（あな）などもずいぶんうまく表現できるようになった（と思う）。博物学は科学と芸術の接点にあるような学問だから、スケッチが図として掲載された論文が出版できると、ちょっと誇らしいような気分に浸れるのである。

標本を買う

October 2018

信念や魂などどうでもよい。
で、あっさりカートに入れることにした。

国立科学博物館では、2019年3月から特別展「大哺乳類展2」が開催される（※2019年6月会期終了）。「2」とつくのは、同タイトルの展示が2010年にも行われており、その続編ということだ。思い起こせば『ソトコト』との出会いは、誌面でこの展示を紹介していただいたことだった。それをきっかけにコラムを執筆することになったのである。今回の展示では多様な哺乳類がどのような特徴を獲得して生き残ってきたのかをテーマとして、できるだけたくさんの哺乳類標本を見ていただこうと計画している。

そのなかで哺乳類の歯の多様性に触れるコーナーを設け、当館にある1000種ほどの頭骨標本のなかから、様々な食性に対応した歯の形態を紹介することにした。歯の形態は哺乳類を語るうえで欠かせない要素である。肉食や草食、昆虫食等々の標本をピックアップしていく。その過程で、どうしても展示に必要な標本があった。「血食」のチスイコウモリの頭骨である。ところが当館には仮剥製が1点と全身液浸[*1]標本が2点あるのみで、展示に使用できるものがない。仕方なく液浸標本から頭骨を取り出そうかと考えてみたが、これらの個体は幼獣らしく、僕が展示で見せたかった見事な永久歯が備わっ

標本を買う

ていない。コウモリ類の幼獣は飛翔している母獣から落ちないよう、先端がフック状になった小さな乳切歯を乳頭に引っ掛けてしがみつく。コウモリ類の乳歯が持つ機能を学習するには素晴らしい個体なのだが、今回の「血食」を示す標本としては不適当である。

そこで、なんとかチスイコウモリの頭骨を入手したいと、このところずっと模索していた。チスイコウモリはあまりに有名な動物なので、当館でも所有しておくべきものである。これまでにも多くの方から利用の希望があり、それに十分応えられずにいた。しかしこの種は中米から南米にかけて分布しているので、捕まえに行くというわけにもいかず、コウモリ研究者に国内に所蔵があるかどうか、現地の研究者で交換してくれそうな知り合いはいないか、といろいろ相談していた。するとコウモリに造詣が深い僕のアシスタントが、「このサイトで売ってますよ」とインターネットのページを教えてくれた。僕のネット検索能力は低い。探せばあるものである。

以前書いたことがあるが、僕は「標本は買うものではない、自分で集めるもの」という信念を持っている。でももうこの際そんなことは言っていられない。展示でチスイコウモリの歯を見

＊1 液浸標本……アルコールやホルマリンなどの保存液に入った標本。

せたい。そのためなら信念や魂などどうでもよい。で、あっさりカートに入れることにした。

　2日ほど間をおいて届いたチスイコウモリの頭骨標本は、状態もよく、しばらくその姿に見入ってしまった。切歯が非常に大きく、ナイフのように鋭い。チスイコウモリは眠っている家畜の足元にジャンプしながらそっと歩み寄り、この歯を使って皮膚を切り裂いて、出てくる血を舐めとるのである。咀嚼(そしゃく)する必要がないので、臼歯がとても貧弱なのも重要な特徴だ。ほれぼれするような歯のエナメル質のきらめきに魅せられつつ、「今回は特例」と割り切っているか、というとそうでもなく、この際だから当館で所蔵していない標本をもっといろいろと購入してしまいたいな、と欲望を膨らませている。

海からの贈り物

December 2018

拾ってきた貝殻は一晩水にさらして塩抜きし、乾燥させるだけできれいな標本になる。

某県立博物館に勤める友人の話では、小学生が自然史に関心を持つきっかけとなる動物は昆虫と貝が大多数なのだという。僕は子供の頃は昆虫少年で、大学で本格的に研究を始めるまでは昆虫学者になりたいと思っていた。同様に昆虫趣味が高じて研究者になった人は多いと聞くので、「昆虫」はよくわかる。「貝」についてはこれまで興味を持ったことがなかったのだが、最近この魅力に取り憑かれるようになった。小学1年生になった次男の影響である。

なにしろ子供たちはよく生き物の名前を覚える。そして彼らのモノ集めに対する情熱たるや目を見張るものがある。貝にはまった息子はもともと危険生物が大好きだったが、そのなかでも危険な毒針を有するイモガイの仲間、アンボイナに恋をしたのがきっかけだったようだ。この貝は僕も子供の頃から知っていた。自己防衛心からであろうか、「危険」という文字は子供の好奇心や冒険心をくすぐるのに、これまたうまく作用する。子供の趣味から始まったことであるから、イモガイやタカラガイといった少々ミーハーなグループに興味が出るのはご愛敬。本を見るだけでこれほど多様な種が存在していて、関東地方でも様々な色や形の貝殻を集められることを学んだ。夏休

海からの贈り物

み前、1年生は貝の自由研究をやると宣言して、学校から掲示用の模造紙など一式を持ち帰ってきた。有言実行、もうやるしかない。

そこで2018年は海通いが多い夏となった。同僚の友人からめぼしい場所を教えてもらい、家族で海岸を散策する。水着姿で波遊びする人たち、砂浜に寝転んで紫外線を楽しむ人たちの間を縫って、我々家族は砂上を凝視しながら人気(ひとけ)のない方へと行進していく。見たことがない姿の貝殻はできるだけ回収し、2時間ほどでごっそりと収穫物を得てこの日の調査は終了である。

拾ってきた貝殻は一晩水にさらして塩抜きし、乾燥させるだけできれいな標本になる。100円ショップで購入した仕切り付きのプラスチックボックスに脱脂綿を敷いて、同種と思われるものを次々陳列し、採集日と場所をラベルすれば美しい貝の標本箱の出来上がりである。ざっと色・形で区別しただけでも数十種の貝が含まれていると見積もられ、図鑑を頼りに家族で議論しながら種名を書いた紙を添付していく。大好きなタカラガイも10種程度が含まれていることがわかる。これは面白い、と僕は思った。なるほど、貝は収集のしやすさ、標本作製の手軽さ、そしてその多様性のなせる満足度の高さといった面で、自然史研究の入り口として素晴らしい機能を持っている。これに加えて、場所が変われば出現する貝殻の種類も変わるし、本によれば寒い時期になるともっと様々なものが拾えるのだという。

と、このような成果を貝研究者の友人に報告したところ、そんないい場所に連れて行ってもらえる息子は恵まれすぎている、と至極もっともなコメントをいただいた。しかし僕も妻もすでに貝の魅力に取り憑かれているので、次はもう少し南へ遠出しようか、と息子の更なる研究材料の収集に夢を膨らませている。貝は、すごい。

弟子

December 2019

「何言ってんだ？　俺たちもう仲間だろ？」

「わしゃあ弟子は取らんことにしとる」とかいうのは、中国の老拳法家とか達人の言うセリフだが、僕は弟子を取ることすらできない身分だ。国立科学博物館は大学とは違って学生が所属せず、ここに居る者の多くは粛々と研究生活を送っている、孤独な研究者たちである。標本作製ということであれば、しばしば興味を持った学生さんなどから修行したいという連絡をもらい、一通り手ほどきをすることもあるが、弟子と呼べるほどそれに専心する人はあまりいない。また、標本観察に来た大学の学生などにちょっとした助言をすることもあるが、弟子という感じではなかろう。彼らには立派な所属先の師匠がいらっしゃる。

攻玉社(こうぎょくしゃ)高校の沼尾侑亮(ゆうすけ)君はそんな僕にとって弟子と呼べる数少ない人物かもしれない。出会ったのは3年ほど前だから、彼がまだ中学3年生だったときだ。とある研究助成団体から、非常に変わった研究テーマで応募があったので指導者としてその子を面倒見てもらえないか、と相談があった。彼は学校の理科室にある古い標本を研究などに広く利用できるよう整備するための研究を行うという。僕の中学時代といえば、昆虫採集が佳境にあった時期で、その頃に作った標本は高校時代に採集熱が冷めた頃、すべて虫害により消失してしまった。学校の理科室にはいくつかの標本があったが、当時それらは僕にとって気持ち悪いものであり、なんら関心をそそるものではなかった。一体どういう生徒さんであろうか。非常に興味深い。

僕は達人といえるほどの人間ではないし、弟子を取るつもりもない。ただし僕にも戦前の古い標本についての研究経歴はあるし、なによりもその生徒に興味があった。そこで、指導者としてではなく、同じ関心事を共有する友人として助言していきたい旨を伝え、攻玉社を訪ねた。見れば見事に作製された鳥獣の剥製群、さらに魚類などの液浸標本も多数ある。どうやら昭和初期頃までに採集されたものらしい。一体誰がどのようにして収集したものであろうか。これまた非常に興味深い。

この時代、中等教育には「博物学」という授業があり、各学校で博物学教師が教鞭をとっていた。なかには熱心に標本を集める人もいただろう。以前紹介した岸田久吉（きゅうきち）もその一人で（308ページ）、秋田県大館中学校で教えた後に、プロの道へと進み、戦前を代表する動物学者となった。こういった人物史的な調査も進めると面白い、という助言を与え、さらに国立科学博物館にある文献資料を調査すればいろいろと発見があるだろうとお誘いした。それから彼は何度か来館して、古い雑誌や書籍が並ぶ書庫で宝探しの楽しい時間を共有した。僕がこの分野で一緒に研究している仲間たちと資料調査に行ったこともあった。学会にも参加して発表しており、立派な研究仲間である。

そんな彼がメールをくれた。彼が受けていた研究助成の期限が間もなく来るという。今後は自分で調査を継続していきたいのだが、これからもご指導いただけないか、とのことである。かの人気漫画『ONE PIECE』の麦わらのルフィ船長ならこう言うに違いない。「何言ってんだ？　俺たちもう仲間だろ？」。やはり師弟関係というよりは、共通の関心事を探求する仲間としてみる傾向が僕にはある。46歳の中年おやじに高校生の友達がいてもよいではないか。

標本数の増加

52ページで「5万点♪」と歌ってみたが、標本は以降もどんどん増加している。本書ではコラムが時系列に並んでいないので、度々登場する標本数の記述は少々混乱を招きそうだ。そこで、僕の研究室の哺乳類標本データベースの増加傾向をニホンカモシカとアマミノクロウサギの標本数の変遷と共に示してみた。見てのとおり、2012年以降にニホンカモシカの頭骨標本を登録するようになってから一気に標本数が伸びている。翌年からは奄美自然保護センターからの提供を受けて、アマミノクロウサギの数も数十倍に膨れ上がり、世界的に重要なコレクションとなった。ちなみに、2009年と2010年に哺乳類の登録数が少し増えているのは、名曲（?）を生むきっかけとなったヌートリアを登録していたからだ。まとまった数の死体が大量に届けられると標本数の伸びは著しい。

本書執筆時点で標本番号はM68115まで来ている。僕が前任者から業務を引き継いだのはM33000番を過ぎた頃だったから、今年度をもって標本数は倍になったことになる。

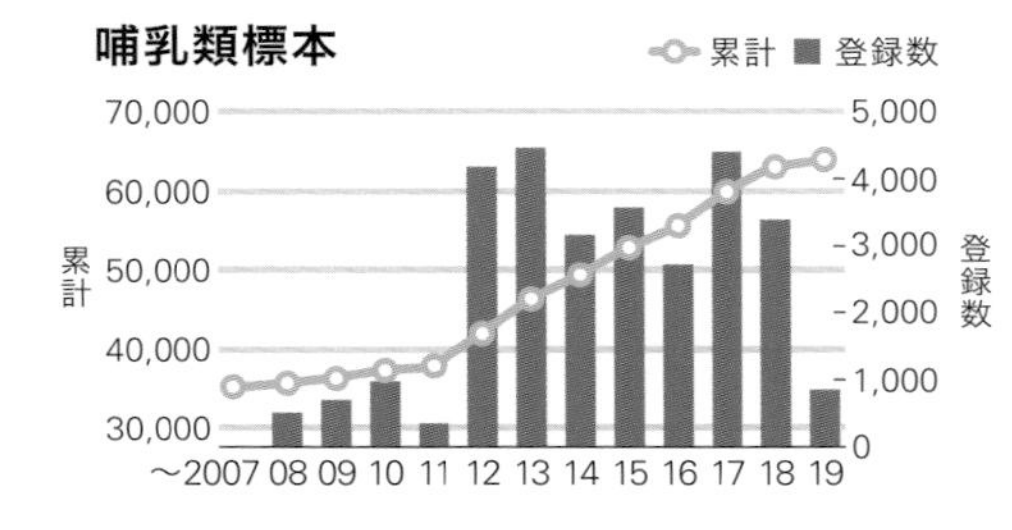

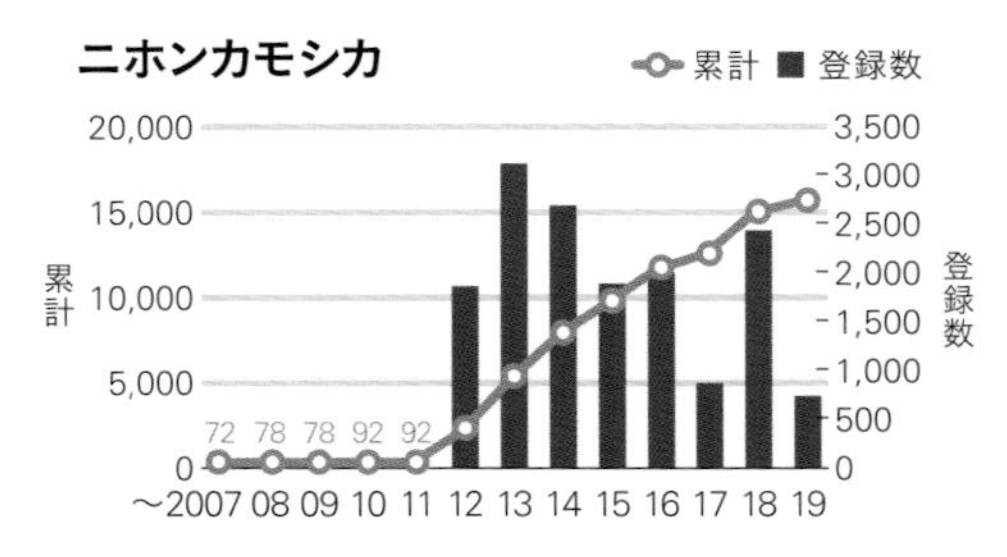

第二章

事件は現場で起きている

埋めなければならない理由（わけ）

November 2012

処理槽を2回運転して、ようやくゾウの全身骨格が完成した頃、次の問題が発生した。

僕の博物館での担当はモグラからゾウまでで、これまでに扱った最も大きい標本はアフリカゾウだ。僕が勤め始めて2年目に、早くも標本化の機会が訪れた。当時、国内最大と呼ばれていたゾウで、個体は某所に輸送し、解体したものを一度埋設して、翌年に掘り返して見事な全身骨格となった。このように、大型の動物を骨にする場合は、いったん埋めて土中の生物の力を借り、皮や肉などの骨以外の部分を処理するのが、我々の業界では常識的なやり方である。

僕にとっての2回目のアフリカゾウは、昨年（※2011年）のこと。動物園から飼育個体が死亡したという連絡を受け、僕がまず確認したのはその大きさだった。動物園の担当者によると、重さはおよそ4トンとの返答で、前回のものよりもずっと小型である。そのサイズなら持ち帰って、博物館の地下作業室で解剖できるのではないかと思い、輸送の手はずを整えた。

作業室で解剖する利点はたくさんある。まず部屋が低い温度に保たれているので、真夏でも腐敗のスピードが遅い。それにクレーンなどの機器も揃っているので、大型の動物を解体するのに使う労力が半減、なんてもんじゃない、激減する。そして大型骨格標本作

埋めなければならない理由

製用に用意された処理槽に入れて高温で保温しておけば、あとは難なく骨格標本が出来上がるのだ。以前ゾウを処理したときは、埋めるときも掘るときも炎天下で、十数人のマンパワーとパワーショベルをフル稼働させての作業だったが、今回は楽にやれるだろうと考えていた。

個体を搬入して、皮剥きと除肉処理を5人がかりで2日かけて行った。耳と鼻は展示に使えるかもしれないと考え、そのままホルマリンで固定した。こういった機転を利かせられるのも、博物館の作業室で行うからこそである。除肉した骨は処理槽にどんどん入れて、不要な肉と皮は冷凍庫に詰め込んでひとまず完了……となるはずだった。ところがここにきて「ちょっとまずいな」という事態に気づいたのだ。

ゾウから出る肉の量は半端ではない。体重のおよそ半分は剥がした肉と皮である。作業室にある冷凍庫は結構大きめの「冷凍室」と呼べるものだが、困ったことにすべての肉と皮を収納することができなかった。この肉と皮は後日、産業廃棄物の業者を呼んで処理してもらうものである。冷凍庫に入れるのは、引き取ってもらうまで腐らせずに保存するためだ。そこで急遽業者に連絡し、事情を話して翌日に来てもらうことになった。冷凍庫の中の肉と皮をトラックに積んでもらい、積みきれなかったものをまた冷凍庫に入れる。その翌日も回収に来てもらって、なんとか片付けることができたのだった。

そして処理槽を2回運転して、ようやくゾウの全身骨格が完成した頃、次の問題が発生した。事務の会計担当から、肉と皮を処理した際の請求が業者から届いた、との知らせ。なにやらとても驚いた様子である。以前計算したところでは、廃棄物は1キロあたり383円で回収されていた。僕はこれを「さんぱいさん」と覚えている。ゾウの体重の半分という量の廃棄物にどれくらいのお金がかかったかはみなさんの計算にお任せするが、さすがにこれほどの請求が来たことはないそうで、少々お叱りを受けた。

教訓「ゾウは埋めなければならない」。

僕はこのとき、自然の力で肉と皮を処理しなくてはならない理由がわかった。

ウミガメを回収せよ

December 2012

運転しながらいろいろ考えたあげく、解決策はこれしかないと役所に電話した。

　僕の博物館での担当は哺乳類だけではなく、両生類と爬虫類も含まれている。しかしこれらの分類群に対する僕の知識たるや恥ずかしいものだ。外国の聞いたこともないカエルやトカゲについての質問や同定[*1]依頼が来たときには、「わかりません、他をあたってください」と勘弁してもらっている。その代わり標本集めや管理については手を抜かずにやりたいもの、と結構無理して頑張っている。

　そんなわけで先日のこと、ある海沿いの町でウミガメが漂着しているという連絡が役所からあった。ウミガメを標本にする作業は学生の頃にも何度か経験があったので、ぜひ標本として回収したいと即答した。この日はちょうど動物園に標本の受け入れに行く予定で公用車を予約していたので、そのまま車でぐるりと回ってくればよい。多少長時間のドライブになるが、たまにはこういう気晴らしも悪くなかろう、と思っていた。

　ところが出発直前に再度連絡があり、同じ場所でもう1個体見つかったという。やれやれ大変なことになってきた。僕はその翌日から出張の予定が入っていたので、なんとかその日のうちに処理する必要がある。それに、車にウミガメを2個体も載せられるだろうか。

ウミガメを回収せよ

でもまあなんとかなるだろうと、研究所を出発した。僕はとってもポジティブな性格なのである。

動物園で予定していた荷物を積み込み、いざ海へ、と意気込んで役所に到着時刻を伝える電話をかけたところ、なんとさらにもう1つ、つまり計3個体が打ち上がっているというではないか。2つはかなり腐敗がひどく、残り1つは比較的新鮮とのこと。これは本当に大変な事態になった。さすがにそのまま車に積むのも、戻ってから処理するのも厳しいかもしれない。運転しながらいろいろ考えたあげく、解決策はこれしかないと役所に電話した。

「浜で解剖してもいいですか？」

血が流れたりするのを嫌うだろうと思っていたのだが、返答はオーケー。あとは道具を調達するだけだ。高速道路を下りて一般道を海へ向けて進んでいると、いいところに100円ショップが見えてきた。僕は大小の包丁、砥石、ビニール袋、メジャーなど必要な道具をしめて1000円ほどで購入した。ウミガメ3個体を処理する経費としては安いものである。

現場に到着してすぐに漂着場所に案内してもらい、早速メジャーを伸ばしてまずは写真撮影。計測している時間はなさそうなので、持ち帰ってから計

＊1 同定 ……生物の分類を決めること。

＊2 腹甲 ……カメ類の腹側の甲羅。

れるように上手に解体しなければならない。100円包丁で個体の腹甲(ふくこう)＊2をはずし、手足、首、腰から後ろの部分に分けていく。ウミガメの解体は脂分で刃がすぐに切れなくなる。砥石を購入したのは正解であった。2個体は完全に腐敗していたため、少し刃を入れるだけで簡単にビニール袋に入るサイズとなった。内臓は、後日消化管の内容物を調べるために、袋の中にごそっと入れて持ち帰ることにする。解体しているそのすぐそばでは、水着の女性が数名、波遊びをしていた。

一番状態の良かった1個体は解体せずにそのまま持ち帰ることにして、現場での作業は1時間くらいで終了。研究所へ帰る車の中でふと考えた。今日は大変な1日であったが、例えば3個体が別々の日に見つかっていたら、それぞれに1日、つまり丸3日も拘束される羽目になっていたかもしれない。むしろ、今回は効率よく仕事ができたと感謝するべきだろう。

そう、僕はとってもポジティブな性格なのだ。

ゾウ、再び

June 2013

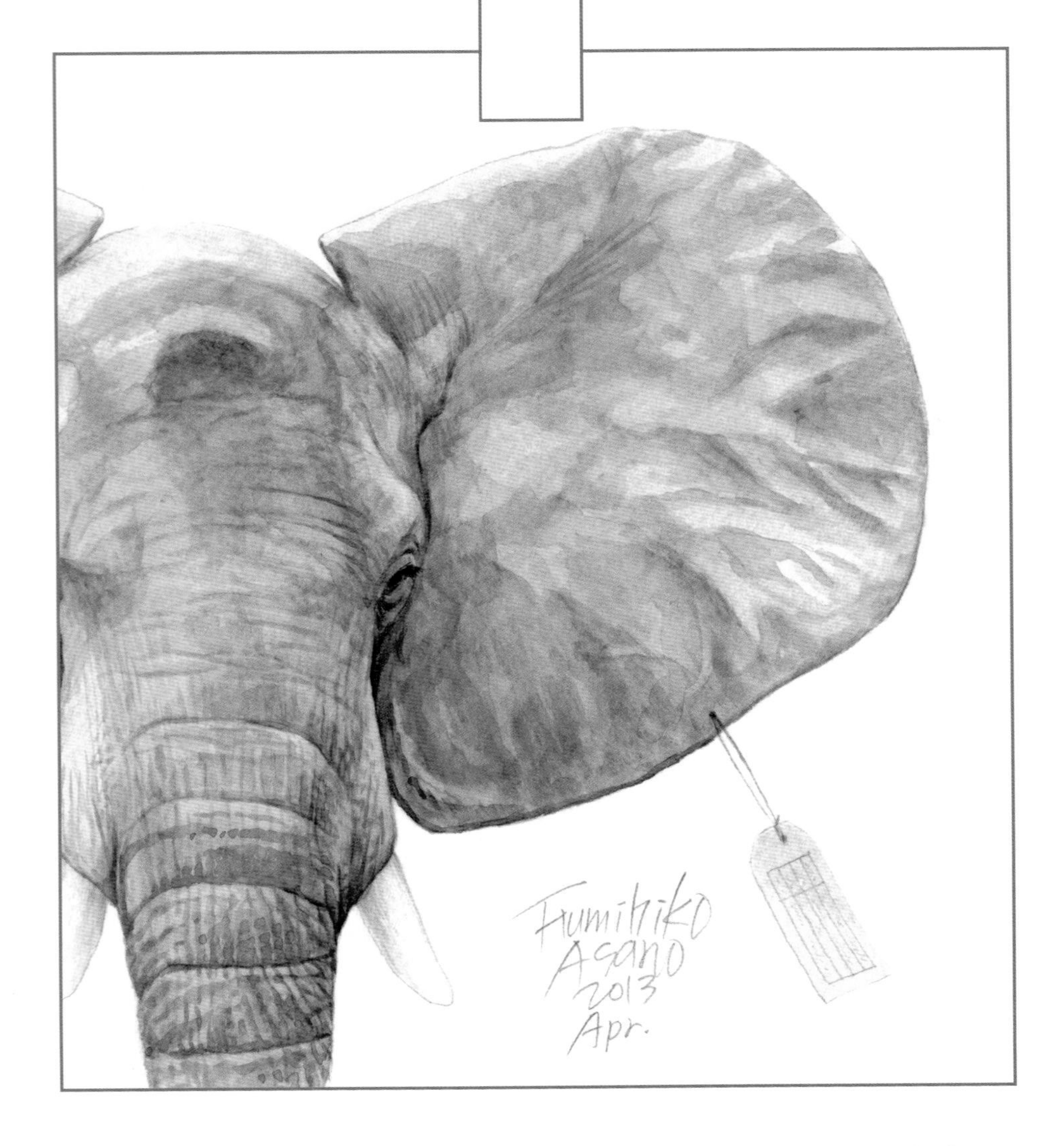

現場で解体と除肉ができれば、研究所に運んでもなんとかなるサイズである。

吾輩はうそつきである。以前、「ゾウは埋めなければならない」と宣言したはずなのに、またしてもゾウを持って帰ってきてしまった。

3月の半ば、国立科学博物館でも開催した「大哺乳類展」の青森巡回展を設営するため、僕は青森県に1週間ほど滞在していた。そして設営が完了し、開会式と講演会をこなして「これで今年度の仕事は終わりだな」とほっとして帰ってきた翌週の月曜日のこと、ゾウが死亡したという電話が入った。ところが今回のこのゾウ、ちょっと珍しいゾウなのである。マルミミゾウという名が現在この種に与えられている一般的な和名である。

マルミミゾウはアフリカの中西部に分布していて、かつてはアフリカゾウの小型の個体群と考えられていた。あらゆる種には変異というものがあり、アフリカゾウにも地域によって小型化したものがあってもおかしくはない。このゾウは主に森林に生息しているので、障害物の多い環境で生活するために小型化した、ということがあっても不思議はないだろう。ところが最近行われた遺伝子解析の結果、マルミミゾウはアフリカゾウとはわりと明確に区別できるものであるらしいことがわかってきた。この研究を行ったグルー

ゾウ、再び

プによると、どうやら日本では山口県と広島県にある動物園で飼育されている個体がマルミミゾウだと診断されたとのことである。

　連絡をくれたのは山口県の秋吉台サファリランドだった。若い個体で、推定体重は1・5トン。これまでに処理したゾウのなかでは圧倒的に小さい。現場で解体と除肉ができれば、研究所に運んでもなんとかなるサイズである。運送屋さんに問い合わせると、山口県まで引き取りに行くことは可能だという。なにしろ国立科学博物館にはマルミミゾウの標本がないのだ。そこで、普段は野外採集調査に使っているバックパックに刃物などを詰め込んで、急遽青森県とは反対側の本州の端っこまで出張することになった。

　個体は右側を下にして横たわっていた。すでに獣医師による剖検（ぼうけん）*1が完了しており、内臓は取り除かれ、左前後肢ははずされていた。ここまでの作業に1日を要したという。研究所へ搬入するためには、もう少し小さくしておく必要がある。僕はザックから愛用の牛刀を取り出して肋骨をはずし始めた。小型で若いゾウということもあって、作業は順調。以前の個体では肋骨は一人では持ち上げるのも困難だったが、今回は刃がするすると関節に届いて接

＊1 剖検……死因や病変を調べるために死体を解剖し検査すること。

合部が簡単に切り開かれていく。用意してきたラベルをまずは左側21本の肋骨にくくり付けて、片側は完了。動物園のスタッフと、手伝いに駆けつけてくれた山口大学の学生さんたちとともに、チェーンブロックを使って個体をひっくり返す。僕が右側の肋骨をはずしている間に、学生さんたちは足の除肉をやってくれて、いいサイズになったときには日が暮れようとしていた。

翌朝、開園前に到着したトラックに個体を積み込み、帰路につく。前日にうまくばらすことができたので、研究所への搬入も滞りなく行われ、翌日にはすべての骨を処理槽に入れることができた。廃棄となった除肉の量は350キロ程度であった。

これで、マルミミゾウを含めた現生のゾウ科哺乳類の3種が国立科学博物館の収蔵庫に揃うことになった。ゾウは現在、日本には分布していないが、ナウマンゾウなどの化石種がかつて分布していたことはよく知られている。秋吉台サファリランドからいただいたこの貴重な標本が、比較標本として有効に利用されることを期待したい。

冷凍庫を信用するな

August 2013

機関車トーマスの歌にもあるとおり、
「事故は起こるもの」なのだ。

冷凍庫はとても便利な機械だ。氷を作ったり、アイスクリームを冷やしたり、食料を長期保存したりと、現代の家庭にはなくてはならないものである。

博物館でも冷凍庫は活躍している。保存するのは処理前の動物死体だったり、あるいは研究用サンプルだったりするので、家庭での使い方とはちょっと違うけれど。大量に標本を処理する現場では、なかなか人手が足りず、この機械に頼りがちになってしまう現状がある。冷凍庫は大きければ大きいほど頼り甲斐があり、ちょっと忙しいと「今度ゆっくり解剖して標本にするから」と言っては、ついつい甘えてしまう。結果、処理待ちの個体がたくさん冷凍庫に眠ったままになっている。

先日のこと、冷凍庫事故が発生してしまった。冷凍庫に大量の未処理標本を抱える我々にとって、まさに最悪の事故である。こういうケースでよくあるパターンは、冷凍庫の故障、あるいは長期停電による庫内温度の上昇という程度で、すぐに対応すればなんとかなるものだ。ところが今回はかなりの長期にわたって冷凍庫の電源が抜けた状態になっていたのに気づいていなかったらしく、僕が確認したときにはすでにかなり強い悪臭を放っていた。この冷凍庫は上部の蓋がパカっと開く

冷凍庫を信用するな

タイプの「チェストフリーザー」と呼ばれるもので、多くの研究機関で使用されている。容量は500リットルほど。冷凍食品なら1か月分は収納できそうなサイズだ。

この中には動物の死体と、遺伝子サンプル用に採取した筋肉が保存されていた。死体のほうはまだドロドロに溶けるまでには至っていなかったが、すでに毛がずるずると抜ける状態で、「もう骨にするしかないな」と判断した。幸いにも、データを書き込んで個体に付けていた紙は読み取りが可能である。すべての個体を作業室に運び込んで、悪臭のなか、それらを骨格標本にするべく処理することにした。お湯で洗いながら毛をできるだけ取り除いて、手足をはずして細かいメッシュの袋に入れていく。さらにそれらを洗濯ネットにまとめて入れ、個体データを耐水紙に鉛筆で書き写して同封する。我々が「鍋」と呼んでいる処理槽で3日くらい煮て洗えば、腐った死体からきれいな全身骨格標本ができるのだ。あきらめてはいけない。

問題は、この冷凍庫には他の機関から受け入れた中型哺乳類の毛皮も保存されていたことだ。「これは全滅だろうな」と半ばあきらめつつ袋を開けてみると、なんとすべての皮の裏側に塩がすり込んであり、なんら損傷が見られない。塩漬けは常温で食品を保管するための古から伝わる方法だが、まさに漬物状態になっていたのだ。これらはすべてミョウバン液につけて、毛皮標本とすることができそうだ。まさに不幸中の幸いである。

ただ、遺伝子サンプル用の筋肉はもうどうしようもない状態だった。研究用サンプルは鮮度が命である。しかし僕の研究室では、特にこういったサンプルを扱う際は1個体につき2つ採取することを徹底していて、それらを2つの冷凍庫で保管することで万一の事態に備えている。つまりこれは「想定内」の事故である。

冷凍庫を過信してはいけない。機関車トーマスの歌にもあるとおり、「事故は起こるもの」なのだ。あまり冷凍庫に甘えすぎないよう、これからは心がけていきたいものである。

クマを掘る

September 2014

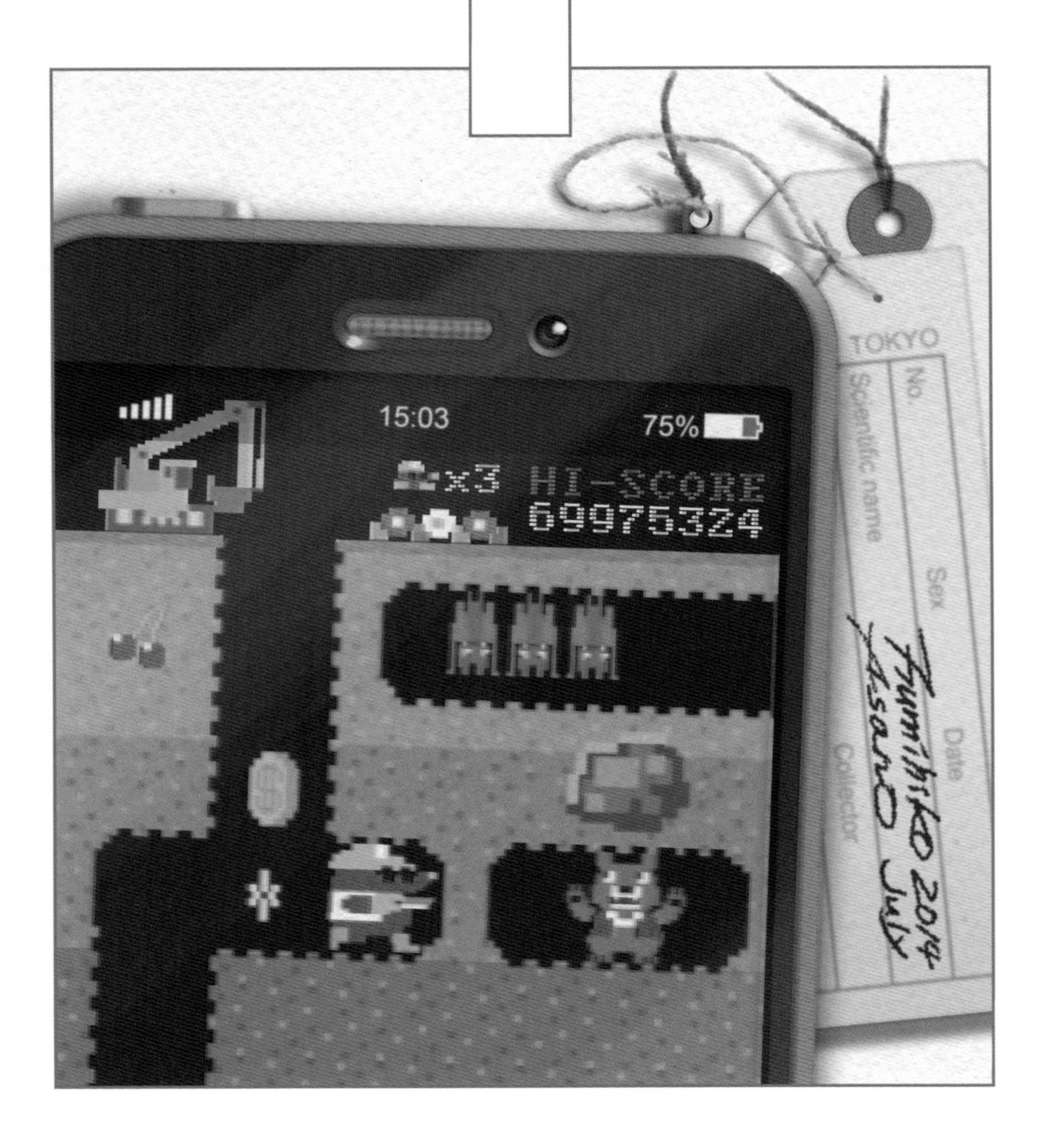

しばらくして、見守っていた僕の足元に
液体が流れてきていることに気づいた。まずい！

「○○のホルマリン漬け」と聞くと、学校の理科準備室に並ぶアンティークな瓶に入った動物の内臓などを思い浮かべる方が多いのではなかろうか。いわゆる「気持ち悪いもの」であり、博物館でこれを見て喜ぶ人は相当マニアックである。2010年に国立科学博物館で行った「大哺乳類展」では2種のゾウの鼻のホルマリン漬けを展示したのだけど、やはり気持ち悪いという声も多かった一方で、面白いという感想もたくさんいただき、展示としての魅力を再認識させられた。ゾウの鼻の先端はアフリカゾウとアジアゾウで形態が異なるということは、一般的な図鑑でも識別ポイントとして紹介されている。なんでも残しておくことが大切だ。

ホルマリンは、40パーセント弱のホルムアルデヒドを含む水溶液である。この物質の発見は1858年のことで、アルコールよりもずっと新しい固定液だ。1890年代、フェルディナンド・ブラムというドイツの学者がホルマリンをいろいろな濃度に薄めて性質を調べていたところ、誤って手に付いた10倍希釈[*1]の液が皮膚を硬く変性させてしまったことで、固定液としての力が認知された。今、我々が「10％」とわざわざ枕詞を付けた濃度指定で博物館の

ホルマリン騒動

公用語的に使うのは、この名残であろうか。外形にあまり影響を与えない固定力と、低分子ならではの浸透力により、液浸標本界でブレイクした。

ところがこのホルマリン、10パーセントという低濃度でも全く侮れない、とても手ごわい試薬である。なにしろその臭いは強烈で、さらに鼻や目を強く刺激する。

ある日、騒動が起こった。ゾウの鼻などを入れた約2000リットルを収容するホルマリン槽が大型液浸標本で満タンとなり、中身をより大型の槽に移動させることになった。作業は研究室のメンバーで協力してやる予定だったが、僕は速やかに作業を開始できるようにせめてホルマリンの原液を希釈しておこうと、前日に一人で10パーセント溶液を作り始めた。槽の半分くらいの量の液を作っておけば、翌日はみんなで重い液浸標本を移動させるだけでよかろう。槽の内寸を計測して、正確に何リットル入るかを割り出した。その量の10分の1の原液を槽に入れて、水で希釈し始めてからしばらくして、見守っていた僕の足元に液体が流れてきていることに気づいた。

まずい！　どうやら槽の水抜き用の栓が閉まっていなかったらしい。幸いにも栓は槽の最下層より少し上につい

＊1 希釈 ……溶液を混ぜて濃度を薄めること。

＊2 揮発 ……ある液体が常温で蒸発し、気体になること。

ていて、流れ出したのはやや希釈された液だ。液面が栓のあるラインに達して、こぼれ始めたところだったのだろう。原液が流れ出したわけではない。それでも高濃度のホルマリンは恐ろしい力で鼻や目を刺激する。このままでは揮発[*2]したホルマリンで僕のほうが標本になってしまうかもしれない。

結局、研究室のメンバーを巻き込んでの騒動となり、ガスマスクとゴーグルを装着して、総動員でこぼれ出した液体の片付けを行った。

考えてみると、小学生か中学生の頃の理科の実験で、「液体を希釈するときは、まず薄めるのに使う液体を入れてから原液を入れましょう」と教えられたではないか。水を先に入れておけば、こぼれ出した液体を片付けるのにこれほどの苦労はしなかった。こんな初歩的なミスをするなんて。ホルマリンをいろいろな濃度で希釈して実験していたブラムはどうやっていたのかな、などと思いながら、自分の未熟さに情けなくなった。

動物被害の対処法

April 2015

こんな冗談みたいな罠で大丈夫かと
周囲は心配していたが、立て続けに……。

茨城県つくば市内に一軒家を購入して3年ほどになるのだが、お世話になった不動産屋の方から最近相談を受けた。別のお客さんの家のバルコニーに、ある日キャットフードが散乱していたとのことで、クレームを受けたという。不動産屋さんに責任がある話とは思えないが、相談者は鳥がキャットフードをくわえてバルコニーに散乱させるようなことがあるか、と聞いてきた。とても面白い質問である。

僕はこの犯人をハクビシンと予想した。ハクビシンは非常にバランス感覚に優れた生き物で、電線なども綱渡りすることができる。かつて新宿に研究室があった頃、出勤中に3個体のハクビシンが連れだって電線を渡っているのを見たことがある。また彼らは垂直な壁面でも、爪が引っかかりさえすれば頭を下にして降りていくことができる。足の骨格標本を見れば、彼らの足首がほぼ後ろ向きにまで旋回することがわかる。とんでもない体の仕組みである。この身体能力をもってすれば、バルコニーに侵入することは容易であろう。おそらくどこかからキャットフードを袋ごと盗み出し、それを持って安全なバルコニーに移動して散らかしてしまったのではなかろうか。そんな推測をしてみた。

動物被害の対処法

バルコニーだけではなく、頭が通るほどの隙間があれば家屋にだって侵入できる。あるとき、博物館のプレハブ建ての資料庫内が荒らされていて、僕にお声がかかった。ネズミか何かだと思っていたようだが、埃の上に残された足跡ですぐにハクビシンであることがわかった。どこから侵入したのかも、建物の気密度を見ればおよそ想像がつく。彼らは床下の壁に換気のために開けられた穴から入り込んだに違いない。あるべきはずの鉄格子が外れている場所が一か所あった。ハクビシンはもともと日本にいた動物ではなく、いわゆる外来種の一つである。東南アジアを原産とする彼らにとって、日本の冬は厳しかろう。プレハブのような隙間だらけの建物は良好なねぐらとなる。

侵入したハクビシンをなんとかしてほしいというのは、同様な被害にあった人なら皆思うこと。仕方なく、夜行性である侵入者が建物内で寝入っているであろう日中、入り口と思しき隙間をふさいで兵糧攻め[*1]にすることにした。ハクビシンを捕獲できるサイズの罠は持っていなかったので、標本作製に使用していた金網メッシュのカゴで自作する。カゴを斜めに立てかけて、そこにつっかえ棒をしたシンプルかつ万能な罠だ。つっかえ棒には紐がついてい

＊1 兵糧攻め……外部との往来を遮断し、追い詰めること。本来は敵の食糧補給路を断つことで戦闘力を弱らせるという意味を持つ。

て、紐にはリンゴが結びつけてある。ハクビシンがリンゴに興味を示してそれを引けば、つっかえ棒が外れてカゴが落ちる仕組み。こんな冗談みたいな罠で大丈夫かと周囲は心配していたが、立て続けに3個体のハクビシンを捕獲することができた。そして無事にプレハブ内の騒ぎは収まった。

さて、捕獲したハクビシンをどうするかといった問題だが、飼育するわけにもいかないし、どこか遠くに放したとしても迷惑だろう。古くは台湾などでペットとして売られていたというのだが、僕はペットには向いていないと思う。だから放逐されて増えてしまったのだろうな。仕方なく、「基本的に外来種は駆除すべし」というかつての指導教官の教えに従い、かわいそうだが殺処分することになってしまった。

哀れなハクビシン、入ったところが博物館ではどうしようもない。彼らの標本はちゃんと仮剥製と全身骨格として収蔵庫に収められている。

年度末のキリン

June 2015

新年度を迎えても、僕の右腕は痛いままだ。これはいつになったら治るのだろうか。

3月末、昨年度の十分な標本蓄積ノルマの達成に満足しつつ、久しぶりに論文でも書こうと資料をまとめていたところ、動物園からキリンが死亡したという連絡があった。この時期はほぼ年間の予算を消化しているので、大型動物の輸送経費は枯渇しているのだが、少し無理をして運送業者に運んでもらった。プロの技術によるクレーン操作は見事なもので、床に横たわったキリンには数本のワイヤーが掛けられ、ほぼそのままの状態でトラックの荷台に載せられた。そして我々の研究施設へと移動して、狭い搬入口を通過して地下の作業室に収まったのは夜の9時頃。翌朝から、この個体を標本化する作業を開始した。

今回のキリンはほぼ完全な状態で受け入れたものだった。後肢を怪我して起立不能になっていたそうで、残念ながら回復することなく死亡してしまったらしい。毛皮もきれいな状態だったので、将来毛皮標本として利用できるようにしたいと思った。僕ともう一人で後肢の先から丁寧に皮を剥き始めると、筋膜*1の下にかなりの出血があり、相当な痛みを伴う怪我だったことがうかがえた。カメラで撮影して、動物園の獣医さんに資料として送ることとする。皮に余計な筋肉や脂肪を残さないために、作業は小さなメスを使って行う。ひたすら腕を振る運動だ。途中で内臓を丸ごと引き出して個体の軽量化を図り、長さ4メートルほどの皮を剥き終えるのにこの日一日がかりの作業となった。皮の裏側に塩をまんべんなくすり込み、畳んで冷凍保管しておけば、後日皮鞣しの作業に入れるだろう。

翌日、起床すると恐ろしく右腕が痛む。このところデスクワークばかりやっていたので、久々の作業で筋肉痛になったのだろうか、と思いながら、皮を剥いたキリンの胴体を今度は解体していく。メスを牛刀に持ち替えて、まず片側の前後肢を取りはずし、除肉する。各肢の手首・足首と指骨部分は細かい骨で構成されるため、どの足のものかわからなくならないよう、分離してそれぞれをまとめて網の袋に入れる。後肢の足根骨（そっこんこつ）[*2]の部分は非常に密接した関節になっており、分離するのが最も困難な部分である。ここをうまく見極めるのが腕の見せどころ。その後、肋骨を一本ずつ関節ではずし、順番に麻紐で結わえておく。こうしておけば後で肋骨を調べるときに何番目のものかがわかって便利である。ただ骨にするだけではもったいないので、頭部から第二胸椎までの部分は、偶蹄類の頸部の解剖で度々来館していた大学院生

＊1 筋膜……脊椎動物の筋肉や内臓を覆っている薄い膜状のもの。

＊2 足根骨……足首とかかとを構成する骨。

＊3 検体……死亡した動物の筋肉や骨や血液など、検査に必要な材料。

（※当時）の郡司芽久（めぐ）さんのために冷凍保管することにした。首に全く刃が入っていないキリンの検体[＊3]は珍しいので、きっといい成果を出してくれるに違いない。バラバラになった骨は作業室にある大型の処理槽にすべて収納し、70度の温度で煮れば、2週間ほどできれいなキリンの骨格標本が完成するだろう。この日の解体作業は昼には完了した。それにしても体が痛い。

さらに翌日、二の腕の痛みが治らないどころかひどくなっている。これは肉離れというやつであろうか。同様な症状で死亡したキリンを大急ぎで処理したのが原因なわけだから、まるでミイラ取りがミイラになったようで面白い。新年度を迎え、この1年も標本作製を頑張ろうと気持ちも新たに刃物を手にして作業するのだが、今日になっても僕の右腕は痛いままだ。これはいつになったら治るのだろうか。

腱鞘炎の治し方

August 2015

近所に剥製師が住んでいるのか？
もしいるのなら会って話がしてみたい。

僕は基本的に、週末に仕事をしない。土日は子供と遊ぶ時間である。一週間、一生懸命標本作製をして疲れてはいるが、やはり子供と遊ぶ時間は悪くない。最近では子供たちも生き物への関心が増しており、今年小学校に入った上の息子は恐竜やら深海生物やらには・ま・っ・ている。海に連れていったら喜ぶであろうが、まずは近場で生き物探索ということで、暖かくなってからは近所で虫を探したりして過ごすことが多い。僕みたいに貧乏生活を耐え抜いて生き物を扱える職に就いてほしいとまでは思っていないが、子供たるもの、動物好きであることは喜ばしいことだ。

先日の土曜日、虫探しをしていたところ、下の3歳の息子が大声で「お父さん、これなーに？」と叫ぶのが聞こえた。近づいて見てみると、収蔵庫で見慣れた骨が落ちている。どう見てもニホンジカの下顎骨である。状態は非常に良い。これは持って帰って標本として残すべきであろう。子供の補助輪付自転車のカゴに入れて、うちに持ち帰ることにした。下顎骨はほぼ完全に白骨化しているが、下顎孔という顎の部分から口先へと続く穴の内部には神経や血管が残されているだろう。バケツに水を張ってしばらく浸しておいたところ、余分なものがなくなってきれいな標本となった。こういうものを拾ったときにはしばらく水漬けにすることをお勧めする。その後水洗いして乾かせば、においもほとんどなくなり、家庭でも保存・鑑賞に耐える標本となる。

さて、僕の家は茨城県つくば市内、国立科学博物館の実験植物園のすぐ近くにあり、このあたりにニホンジカが生息しているとは考えられない。茨城県ではニホンジカは生息しないことになっており、いるはずもない動物の骨が見つかったというのはどういうことであろう。これが例えばウシのものならば家畜の骨が落ちていたということで、通常流通しない頭が見つかるのは不自然ではあるけれども、まあわかるような気もする。しかし問題の下顎骨には臼歯がきれいに残っており、ウシやヤギといったウシ科の特徴は見られない。明らかにニホンジカである。

疑問に思って、2週間ほどのちの週末、また子供を連れて同じ場所で虫を探しながら散策してみた。すると同じ個体のものと思われる頭蓋の一部を発見できた。ここでまた興味深いのは、頭蓋の一部であるシカの角の生える部分が、のこぎりのようなもので切り取られていたのである。博物館にもこうして角の生える部分を切り取られた頭骨標本がいくつかあるので、これまた僕には見慣れたものだ。これは、展示用の剥製を作るために切り取られたものだと考えられる。剥製は、皮を剥いた内部を型取りして作製した胴芯に、処理した毛皮をかぶせて乾燥させて作るのだが、その際、角は骨ごと切り取って胴芯に固定する。僕たち親子が拾った骨は誰かが剥製にするために県外のどこかから入手したシカの副産物に違いない。

それにしても謎は残る。近所に剥製師が住んでいるのか？　もしいるのなら会って話がしてみたい。身近な環境にも謎はいっぱいだ。骨だからといって気持ち悪がらずに「何故にそこにあるのか」と考察してみるのもよかろう。なお、この骨は3歳児を採集者として当館の標本として登録された。

クジラの解体

October 2015

車で死体を輸送したときから考えていた計画を実行することにした。

冬は標本作製の繁盛期である。2015年の年末も大忙しとなった。国立科学博物館では動物園から死亡した動物を譲り受けて標本にしているが、この12月は大型動物が連続して5個体も運び込まれて、それらを骨格標本にするための作業に追われた。こういう場合、知り合いの研究者に種名を告げて、解剖学的研究のための利用可能性を模索するのだが、12月24日の夕方に運び込んだ個体は特に検体として理想的なもので、なんとか1月中旬まで冷凍庫で保管したいと考えた。それには運び込まれた時点で行う作業が重要である。個体の腐敗が進まないよう配慮しつつ、とりあえず毛皮は剥いて保存しておきたいところである。

ところが年末というのは何かと会議が重なったりして、十分な時間が取れないのが常だ。翌日の25日は午前中に上野で予定があった。夕方からは別の会議。さらに、26・27日は土日で、29日からは年末休みに突入してしまう。作業できるのは28日の1日だけである。さてどうしたものかと悩み苦しみながら、家族とのクリスマスパーティーを楽しむために帰宅した。小学生になった長男は骨つきチキンをおいしく食べて、骨を標本にするつもりなのか水で洗い始めたりして頼もしい限りである

クリスマス未明

が、こちらはもっと大きい骨づくりのために頭が痛い。明日の朝は子供たちがクリスマスプレゼントに気づいて大喜びする姿を見たいし、こうなると僕が使える時間は限られている。車で死体を輸送したときから考えていた計画を実行することにした。

朝3時半、子供たちがサンタクロースの夢でも見ているであろう時間に起床し、音を立てないように着替えて研究所へ出勤した。僕の家は研究所から自転車で5分くらいなので、こういうときは融通が利いて便利だ。大型獣は作業室で、やはり眠るように横たわっている。子供たちが通う小学校と幼稚園はすでに冬休みに入っているので、あの子たちが起きるのは7時過ぎであろうか。ここから4時間弱が勝負である。新しいメスの刃を装着して、後肢蹄のあたりから皮を剥き始める。ラジオではクリスマスソングが流れている。若い頃はこういう曲を聴きながらロマンチックな気分になったものだが、この日の僕はそれどころではない。皮に脂肪や筋肉を残さないようにひたすら剥き、3時間ほどで終わると思っていた作業は7時を過ぎても終わらなかった。ジャクソン5が歌う「ママがサンタにキスをした」を3回目に聴いていた7時半頃、ようやく頭だけを残してすべての皮を剥き終えた。妻から電話が入り、すでに子供たちは起きてしまったようだった。

あとは皮が剥けた部分に塩をすり込んで、とりあえず残りの作業は昼からやることにしよう。８時頃に研究所を出て、一緒に朝ごはんを食べるために帰宅すると、子供たちは素敵なクリスマスプレゼントに大喜びだった。「そういえばうちを出るときに赤い服を着たおじいさんに会ったよ。プレゼントを持ってきてくれたんだね」と下手なうそをついておく。プレゼントを見つけたときの笑顔が見られなかったのは無念であるが、朝食を終えると再び家を出て、今度は一路、上野へ向かった。

つくばの作業室では、きっと今頃、前日の夕方に搬入を手伝ってくれた僕のアシスタントが出勤して、皮が剥かれた死体に驚いていることだろう。ヤツにも「夜中のうちにサンタさんがやってくれたんじゃないか？」と冗談を言ってやろう。サンタクロースも楽じゃないね。

病気と怪我

April 2017

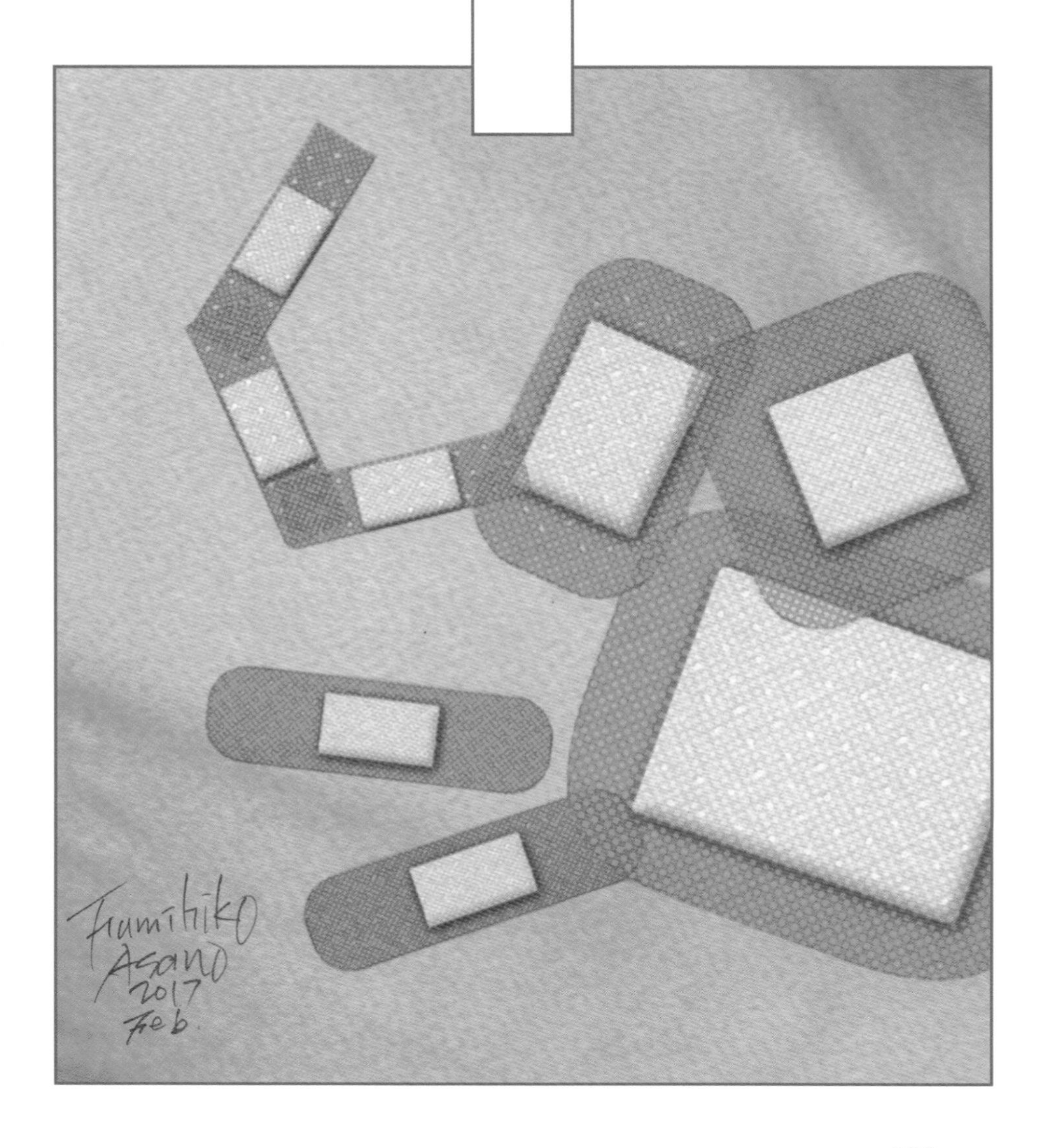

しばらくして左腕に流れる血がゾウのものではなく、僕自身のものであることに気づいた。

標本作製の現場はどうしても不衛生になりがちだ。その分、健康には気をつけて作業を行わねばならない。僕は小中高と「光武館」という柔道の道場に通っていたので、体力には自信があるし、めったに風邪もひかない体である。2年前、この道場が80周年を迎えたときに、記念誌に原稿を依頼されたのだが、そこに次のようなことを書いた。「心・技・体といいますが、『技』は毎回一回戦負け、ただし貧乏生活に耐える『心』とゾウをも解体できる『体』を鍛えられたおかげで今があります」と。よいフレーズだと思う。

それでも一度だけ倒れかけたことがある。体がだるく熱っぽいと感じていたある夏の休日、動物園から大型獣が死亡したという連絡をもらった。つらい体を押して回収し、その日のうちに解体を完了して帰宅したところ、風呂に入るときにやたらと寒気がしてふらふらする。38度を超える熱が出ていた。翌日病院に行って診てもらうと、「肺炎がすでに治りかけているようですね」との診断で、これは無茶をしたものだと反省した。

一方、怪我については日常茶飯事といってよいものである。以前書いた腱鞘炎はかなり珍しい部類であるが、なにしろ日々メスを手にとり、動物の皮を剥いたり除肉したり、さらに熱めのお湯で骨を洗ったりといった作業をしているので、右利きである僕の左手は生傷が絶えない。そのため僕が首から下げている職員証ホルダーには常に数枚の絆創膏が収納されている。いつ手を傷つけても即座に応急処置して作業を再開するためである。これを知った同僚は僕の真似をして絆創膏を携帯するようになった。有用な手段というものは広まるものである。あるときは一日の作業で左手のすべての指に切り傷を作るという、グランドスラム的な快挙を成し遂げたこともあった。こうなってしまうと、もはや痛いという感覚よりも仕事を遂行することにかける自分の熱情に対して誇らしいというか、感慨深い気持ちになってくる。こういった小さな傷は取るに足りない。

昨年ゾウを解剖したときは、刃物を持つ手元が狂って、左手の腕に3センチほどの傷を負ってしまい、動物園の獣医さんにとても心配をかけてしまった。この日は大仕事ということもあり、早朝から愛用の牛刀をピカピカに研いで最高の切れ味に仕上げていたのだった。肉を切っていた右手が少し狙ったところから外れて、牛刀が僕の左腕に軽く当たった。ゾウほどの動物を解剖しているときっとアドレナリンが出まくるのであろう、ちょっとした傷では痛みを感じないことも多い。少し触れただけだから大丈夫だろうと思い、作業を続けていたら、しばらくして左腕に流れる血がゾウのものではなく、僕自身のものであることに気づいた。周囲に心配かけるのはどうかと思ったので、とりあえずアシスタントにゴム手袋を巻きつけてもらって止血に努めたが、あえなくバレて獣医さんの応急処置を受けることとなった。みんなは病院に行ったほうがいいと言うが、なんとしても動物園から搬出してつくば市の研究施設に運ぶまでは現場にとどまる必要がある。深夜になってから帰宅して、臭う体を洗い流してから救急に駆け込み、ぱっくりと目を見開いたような傷は5針ほど縫っていただいて事なきを得た。

傷は男の勲章というけれど、お医者さんに迷惑をかけない程度にしておきたいものだ。

開かずの標本瓶

October 2017

それでもどうにか、と思って
ドライヤーの熱風をあて続けたら、
ついに火花を吹き始めた。

液浸標本は苦手だ。僕の研究室にはスタッフがそれほどたくさんいるわけでもなく、この体制で液浸標本を管理するのは無理だと考えている。液浸標本は、ホルマリンやアルコールを満たした容器に標本となる動物を入れ、そのまま保存するものである。密閉度の高い容器であればさほど問題はないが、どうしても液がごく微量ずつ蒸発する。瓶にしても、ガラスは優秀だが、プラスチックの安価なものはいずれ劣化して割れる。これまでに瓶の中で乾燥してダメになってしまった標本をたくさん見てきた。そのため定期的に液量を確認して補充する必要があるが、1万点を超える数ともなればさすがにすべてをチェックするのは相当な労力が伴う。専門のスタッフなくして、完璧な管理は困難である。そのため、入手した哺乳類は極力毛皮と骨の乾燥標本として管理するようにしている。

ところが両生類や爬虫類では液浸標本は一般的なものだ。国立科学博物館ではある時代からこれらの分類群の専門管理者が不在となったため、四足のよしみで陸生哺乳類の担当者が管理することになっている。やるからにはちゃんとやりたいので、できる限りの時間を使って登録などを行い、コレクション自体は立派になったのだけど、

開かずの標本瓶

これを永続的に管理できるかといえば疑問を感じるのである。なかにはワニや大型のヘビといったものも含まれており、瓶のサイズもかなり大きいものがある。

先日、オオサンショウウオの研究者が来館して、当館の液浸標本を見ることになった。オオサンショウウオは大きいものでは1メートルを超える世界最大の両生類であるから、その瓶も非常に大きい。30リットルほどの溶液を満たすものもある。今ではあまり使われなくなったが、古い時代のガラス密閉容器は蓋がすりガラスで接するようになっており、すりガラスの部分にはワセリンなどの蒸発防止のための封入剤が塗られて蓋が完全に接着していたりするので、それこそ数十年開けたこともないようなものでは開けるだけでも大仕事だ。でもせっかく遠くから来てくれたので、できれば標本を手に取ってじっくり観察してほしい。そこでこれらの瓶を数個開けてみることにした。これを開けるには少々コツがいる。

まずはこういうときのために収蔵庫に置いてあるドライヤーで蓋の周りを温めてみる。封入に使用されているのはワセリンで、少し温度を加えれば溶けて粘りが少なくなり、また中に入っているアルコールが熱で揮発することによって、「ポン」という音を立てて開封できる。ところが大きい瓶ではそうはいかなかった。どうやらガラス自体がかなり分厚いために、ワセリンが塗布されている部分にまで熱が届かないらしい。それでもどうにか、と思ってドライヤーの熱風をあて続けたら、ついに火花を吹き始めた。これはまずい。

仕方なく最後の手段を使うことにする。一つ30キロはあると思われるオオサンショウウオの瓶を台車に載せて、別棟の地下作業室に持ち込む。ここで熱いお湯をかけてワセリンを溶かす方法だ。瓶は縦に細長く、台車の揺れで倒れたらおしまいである。注意深く輸送し、お湯をかけるのだが、下手するとアルコールの揮発とお湯の熱で瓶が割れる恐れがある。こうしてどうにか2つの瓶を開けることができた。しかし展示用に作られた1つだけはどうしても無理だった。来客はその1つを除いて残りの標本を無事観察し、満足そうに帰っていかれた。

最高のご褒美

December 2017

これまでの標本収集が認められた思いがして、僕は涙がこぼれそうだった。

9月に行われた日本哺乳類学会富山大会はいろいろな面で印象に残るイベントだった。学会参加のための出張前日、発表のスライドを作成していたところで、動物園でキリンが死亡したという連絡を受けた。骨格標本の処理槽に入っていたイノシシなどの骨を大急ぎで片付け、2つ予定していた発表の準備を放り出して、夕方、死亡個体の受け入れのため急遽動物園へ向かった。翌日から4日間不在にすることを考えると、朝までに処理槽に入れるところまでの作業を行う必要がある。搬入が終わった夜10時頃から剥皮と除肉の作業を開始した。幸いにも、同じ学会に参加予定だったキリン研究者の郡司芽久さんと他2名が付き合ってくれ、午前3時にひとまず完了した。彼女は解剖の過程で新たな発見があったようで、その超とれたて新鮮話題を同日の夜に学会の自由集会で紹介し、会場を沸かせた。

収集した標本が多くの方に利用され、学会の場で発表されることは、僕にとって至極の喜びである。今回の大会では、最近収集した哺乳類標本が多くの学生によって調査され、その成果がいくつか発表された。数百点という大量の標本を用いた研究もあり、集めるだけ集めて調査利用することを怠って

最高のご褒美

きた僕に代わって、若者たちが研究成果を発信してくれることに、とても感謝している。

酪農学園大学4年生（※当時）の板倉来衣人（らいと）君はその一人で、ニホンカモシカの頭骨約800点を用いた歯列異常について発表した。彼は大学2年生のとき、標本作製に関心があるとのことで、博物館に研修に来た学生である。骨格標本を洗ったり、仮剥製を作ったりと、僕の標本作業も手伝いながら、卒業研究について野望を膨らませていったようだ。3年生になったときに具体的に卒業研究のテーマを決めて、主に大学が休みの期間を利用して、埼玉県の実家から調査のために茨城県つくば市まで通ってくれた。彼の観察眼は結構鋭いところがあり、僕がこれまでに見逃していた細かい歯の変異まで発見してくれて、なかなか興味深い成果が得られていた。

学会発表はその数か月前に講演内容の要旨を作成・提出することから始まる。僕は彼に研究成果を発表するよう強く勧めた。彼にとっては初めてのことで、600字ほどの要旨を書くのにもかなり苦戦している様子だった。彼の指導教官からは「見送ったほうがよいのでは」という意見もあったが、なんとか発表の登録にこぎつけたのである。ここまで来たらもうやるしかない。学会までの2か月ほど、彼は夏休みを利用して僕の研究室に通い続け、発表用のポスターを作成していた。ところがこれまた進行状況が芳しくない。富山へと移動する前日に僕が最終チェックをしてポスターを印刷する、というギリギリの進行でなんとか間に合わせる予定にしていた。そのようななかで、キリンが死亡したのだ。僕は最終チェックができず、ふがいない思いで動物園へと移動した。

無事キリンを片付けて、学会に向かう新幹線のなかで自分の発表を完成させ、次に板倉君に再会したのは富山だった。彼のポスターは、僕が最後に見たときには空白が多かったが、見事に完成していた。そしてあろうことかそのポスターが、優秀ポスター賞を受賞したのである。学会の懇親会の場でこの発表があったとき、彼の努力が報われたことが嬉しかった。そして、これまでの標本収集が認められた思いがして、僕は涙がこぼれそうだった。

標本の神様は時に悪戯し、また時にご褒美をくれる。

ニューアイテム、老眼鏡

June 2018

眼鏡愛好家の妻は「買おうよ、買おうよ」とニコニコしながら迫ってくる。

僕はこれまで眼鏡というものに縁がない人間だった。視力は子供の頃から今に至るまで1・5程度で、なにしろよく見える。生き物の研究をする者として、これはありがたい性質で、特にモグラのような小型の頭骨標本などを作製したり、観察したりという場面では助けとなるのである。ところが40歳を過ぎた頃から、だんだんと近くのものが見えづらくなってきた。恐るべし、老眼というやつであろう。こういう性質は遺伝すると思われ、僕の父もずっと目がよい人だったが、やはり40代から老眼鏡をかけるようになった。血は争えぬ。

それでもなんとか手探り、とまではいかないが、ぼやけてかすんだ視界で、小型動物の毛皮を剥いたり、あるいは小さなラベル紙片に細かい文字で個体情報を記入したりと頑張っていた。若い頃は「モグラの皮剥きなんて、目をつむってもできるぜ」と自慢げに話していたものだが、そんなことはできるわけないことに気づいた。ラベルには6ミリ程度の幅で罫線が引かれており、そのスペースに0・03ミリのペンで情報を書いていく。数字などは問題ないのだが、例えば「轟」とか「龍」とかいう画数の多い文字を含む地名が日本にはたくさんあり、それらをこの欄

ニューアイテム、老眼鏡

に収まるように記入するにはかなりの目力が必要である。採集者の欄に自分の名前の「郎」を書くのすらわりと大変で、はみ出してしまう。

知人にこの話をすると、いろいろと便利な眼鏡を紹介された。「老眼鏡はまだまだ、針に糸が通せる限りは」と拒絶し続けてきたのであるが、最近いよいよ仮剥製を作る際の裁縫がおぼつかなくなってきた。ついに潮時かもしれない。眼鏡愛好家の妻は「買おうよ、買おうよ」とニコニコしながら迫ってくる。どうやら仲間にしたいらしい。家族で眼鏡屋さんへ行くこととなった。

実は眼鏡について、僕には憧れがあり、来たるべき老眼時代にはジョン・レノンのような正円形の眼鏡を着用し、時には首から下げて標本作業を遂行するのを美としていた。目当てのフレームを発見して、試しにかけて鏡に向かってうっとりしていたら、妻は丸眼鏡など恥ずかしいと否定する。先輩の意見には素直に従い、妥協してやや丸めのものを選ぶことにした。レンズの調整のために行った検査では、視界にある一番細かい文字が読めて、店員から「素晴らしい視力」と絶賛されて、こちらは苦笑。1週間程度で僕の老眼にぴったりな眼鏡を手に入れることができた。

＊1「轟」でさえ〜収まるではないか。……これはちょっと言いすぎだったかもしれない。

早速着用して標本作業を行ったところ、なんと素晴らしいことだろう、見える見える。横棒が縦に10本も並ぶような「轟」[＊1]でさえ、重なることなく6ミリ高のスペースに収まるではないか。毛皮を剥く作業でも、極めて正確に狙った場所に刃物が届く。最近は勘に頼っていた針の糸通しも一発だ。これほどまでに作業に役立つアイテムだとは思っていなかった。そして改めて鏡で眼鏡姿の自分を見てみると、45歳にしてようやく知的な大人になれたような気分である。こうして老眼鏡は僕の一部となり、これからはこのレンズを通して、たくさんの標本が生産されていくことになるであろう。

袋のある珍客

June 2019

驚いたのは、この個体が神奈川県相模原市の
某所で発見されたという事実である。

昨年9月に博物館宛に届いた動物に関する質問は、驚愕のものであった。内容は、飼育しているネコが小動物を捕まえてきたのだが、一体なんだろうか、というもので、写真が添付されていた。事務職員から転送されたファイルを見てびっくり、全身がふさふさの毛に覆われ、背部には3本の濃い茶色の線がある。目はクリっと大きく、鼻面は突出。なによりこの種を反映する最大の特徴は、手足の間に飛膜があることだった。飛膜がある小哺乳類といえばムササビやモモンガ、コウモリ類が思い浮かぶが、これらの動物の背面には線は見受けられない。間違いない、

これはフクロモモンガである。

「フクロ」と名のつく哺乳類には多々ある。フクロギツネにフクロモグラ、現在ではオポッサムと呼ばれる南米の動物もかつてはフクロネズミなどと呼ばれていた。2018年公開のアニメ映画で主役を演じ、そのタイトルにもなったビルビーという動物は、標準和名をミミナガバンディクートというが、明治時代に当館に所蔵された標本ではフクロウサギと書かれている。これらは「有袋類（ゆうたいるい）」として知られるグループで、主としてオーストラリア大陸で多様化した。様々な生活様式を持つ彼らは、一つの系統から環境に応じ

て多様な形態的特徴を持つ種へと分化・進化をする「適応放散」の好例として紹介される。不思議なことに別の大陸で出現した「真獣類（しんじゅうるい）」[*1]であるキツネやモグラやウサギといった動物と姿が似ていることから、その接頭語に「フクロ」をつけた名称が与えられたのである。有袋類は[*2]ユーラシア大陸でも化石が発見されているので、太古の時代には世界中に分布していたことがわかっているが、その後さらに進化を遂げた真獣類によって駆逐されてしまったらしい。

　フクロモモンガもオーストラリア大陸とニューギニアを含むオセアニア地域に広く分布する樹上性の有袋類で、木から木へと滑空する様子がモモンガに類似していることから名づけられた。驚いたのは、この個体が神奈川県相模原市の某所で発見されたという事実である。昆虫などでは国内にいるはずがない種が台風の襲来後に見つかることがある。僕も子供の頃に岡山県には分布していないウスイロコノマチョウという蝶が実家のクリーニング屋の店頭でバタバタやっているのを見つけて大歓喜したことがあった。こういうのを「迷蝶」という。なるほど、「迷哺乳類」あるいは「迷有袋類」ということか。彼らは滑空できるから、はるばる

＊1 真獣類……哺乳類の大きな1グループで、有袋類、単孔類以外の哺乳類がこれに属す。母親が胎盤を持ち、十分に発育した子を産む。

＊2 ユーラシア大陸……アジア・ヨーロッパ地域。

オーストラリアから風に乗って日本までやってきたのだな、さすが。と納得したいところだが、いくらなんでもそれはなかろう。では、かつてユーラシア大陸にいた有袋類の生き残りか？というのも乱暴な想像で、現在オーストラリアにいるものと全く同じ種が、ここ日本で生き残っているわけがない。この種は現在ペットとして流通しており、ペットショップの広告では1万円ちょっとで購入できる。テレビの動物番組でも取り上げられて、人慣れもよく結構な人気なのだとか。きっと飼育されていた個体が逃げ出して、不幸にもネコに捕まってしまったのであろう。

質問してくださった方のご厚意で、個体は博物館に提供していただけることになった。送られてきた包みを開いて、まさにフクロモモンガのメスと確認した。腹部の袋に指を突っ込みながら、ひょっとしたら日本にも有袋類が生息しているのでは、とバカな妄想をする。仮剥製標本と全身骨格標本を作製し、神奈川県相模原市産のフクロモモンガとして登録した。

標本がないっ！

January 2020

1年ほどが経過した頃、事件は驚くべき形で解決を迎えた。

久しぶりの海外出張に向かう日、空港の書店で面白そうな本を見つけた。『大英自然史博物館 珍鳥標本盗難事件』（化学同人）と題されたもので、非常に興味深い。この博物館の鳥類標本盗難事件といえば、リチャード・マイナーツハーゲンの事件が有名だ。20世紀の半ば、彼は研究者として来館して標本を持ち帰り、さらに盗品であることがバレないように偽装まで行った。ところがこの本に書かれているのはその話ではなく、2009年に起こった大量の標本盗難事件に関するものだという。ヨーロッパへ向かうフライトの間に一気に読了してしまった。

この本では盗難事件について詳細に調査した著者が、犯人や周辺人物にインタビューした内容が詳しく書かれている。犯人は当時21歳の音楽学校に通う学生で、幼少の頃からフライフィッシングに使用する毛針（けばり）[*1]の有能な製作者でもあったという。その彼がワシントン条約等で取引が規制されている希少な鳥類の羽欲しさに、ロンドン近郊の町トリングにある大英自然史博物館の分館（同博物館の鳥類学部門がある）の窓を破って侵入し、300点弱の標本を盗み出したのだという。その中にはアルフレッド・ラッセル・ウォレス[*2]がマレー諸島で収集した貴重なコレクショ

標本がないっ！

ンも含まれていた。チャールズ・ダーウィンと共に自然選択による生物の進化理論に至るきっかけとなった歴史的コレクションが傷つけられたわけである。事件発覚後犯人は捕まり、一部の標本は無傷のまま博物館に戻されているが、羽をむしり取られたものや標本ラベルが外されたもの、転売されて未だ不明の標本もあるそうである。

トリングの博物館へは2012年に一度訪問したことがあるが（292ページ）、その3年前にこんな悲惨な事件があったとは全く知らなかった。僕が担当する哺乳類の標本は鳥と違って地味な色合いのものが多いので、こういった輩（やから）に狙われることはないかもしれない。だが一度だけ盗難を疑った珍事件があったことを思い出し、思わず苦笑した。

国立科学博物館は2011年、それまで東京都新宿区百人町にあった研究施設を現在の茨城県つくば市天久保へと移転させるべく、1年をかけて引越し作業を行った。すべての標本の移動が終わってしばらくしてからのこと、収蔵されているはずのニホンオオカミの頭骨がすべて、あるべき場所にないことに気がついた。日本で絶滅したオオカミは哺乳類コレクションのなかでもタイプ標本[*3]と並ぶ重要標本に位置づ

＊1 毛針……魚釣りに使われる疑似餌の一種。針に鳥の羽毛などをつけて虫などに見せかける。マニアの間では実用よりも芸術性が争われ、コレクターも多い。

＊2 アルフレッド・ラッセル・ウォレス……19世紀に活躍したイギリスの博物学者。ダーウィンと同じ時期に、独自の調査によって自然選択説にたどり着いた。

＊3 タイプ標本……種の基準となる標本。

けられる。冷や汗をかきながら骨格標本室のほかの場所を探して回ったが、やはりない。移転作業中にも来客は多かったし、どさくさに紛れて誰かが持ち去ったのか、あるいは輸送の過程で紛失してしまったのか、困ったことになってしまった。

それから1年ほどが経過した頃、事件は驚くべき形で解決を迎えた。なんと犯人は僕自身だった。ニホンオオカミの学名は*Canis lupus hodophilax*というが、これを箱に書いてしまうと貴重な標本であることがわかってしまうので、僕のアシスタントは気を利かせて大陸産のオオカミすべてを含む「Lupus」とだけ書いて輸送業者に回した。ところが作業の忙しさのなかでそのことをすっかり忘れてしまった僕は、これを「Lepus」つまりウサギ類の属名を示すものと勘違いして、剥製標本室の棚の一番上の目立たないところに収納してしまったのである。ともあれ、僕の仕業(しわざ)で良かった。標本がなくなるということは博物館人にとって最も悲しむべきことだから。

標本バカのこぼれ話

いい仕事はいい体から

動物の解体作業などが終わって着替えをしていると、「川田さん、いい体してますね。何かスポーツをされているのですか？」と聞かれることがある。僕は小学2年生から高校まで柔道をやっていたが、それ以後はまじめに何らかのスポーツに取り組んだことはない。おそらく柔道に取り組んだ11年間に体がかなり鍛えられ、その蓄積でなんとかもってきたのだろうと思う。ただし、僕の仕事の核である「標本作製」はまさにスポーツそのものであるとも言える。この章で紹介したゾウ、キリン、はてはマッコウクジラなど大型獣の解体処理は、全身の筋肉をフル稼働しての重労働である。

モグラ研究者という別の肩書上、東南アジアの山奥などで調査を行うことがある。ベトナムの北部などに行くと、調査地のキャンプまで結構な山道を歩く。そこからさらに数百メートル山道を登ってモグラの罠を仕掛けていくのであるが、翌日の朝・晩と最低2回は罠の見回りが必要だ。同じ山道を行ったり来たり、普通の登山行ではない。こういった調査においても体力が必要とされるので、日々鍛錬しておく必要がある。本来ならちゃんと筋トレをしたほうがよいのだが、僕の場合は日常的に標本処理を行うことによって、いついかなる時も体を使った重労働に耐えられるよう準備できているように思われる。

作業室で骨を洗うにしても、少々低めの流し台に前かがみになって立ち、それなりの重さのある頭骨などをブラシでこすりお湯で流す作業の繰り返しである。昔、『ベスト・キッド』（1984年）という映画で、空手の弟子が師匠の車にワックスがけをするという修行をやっていたのを思い出す。一つや二つの数なら大したことはないが、時には朝から晩まで作業することもあるので、なかなか体に堪える。

こうした日常の活動が、図らずも筋力の維持に貢献しているのかもしれない。

第三章

標本に学べ

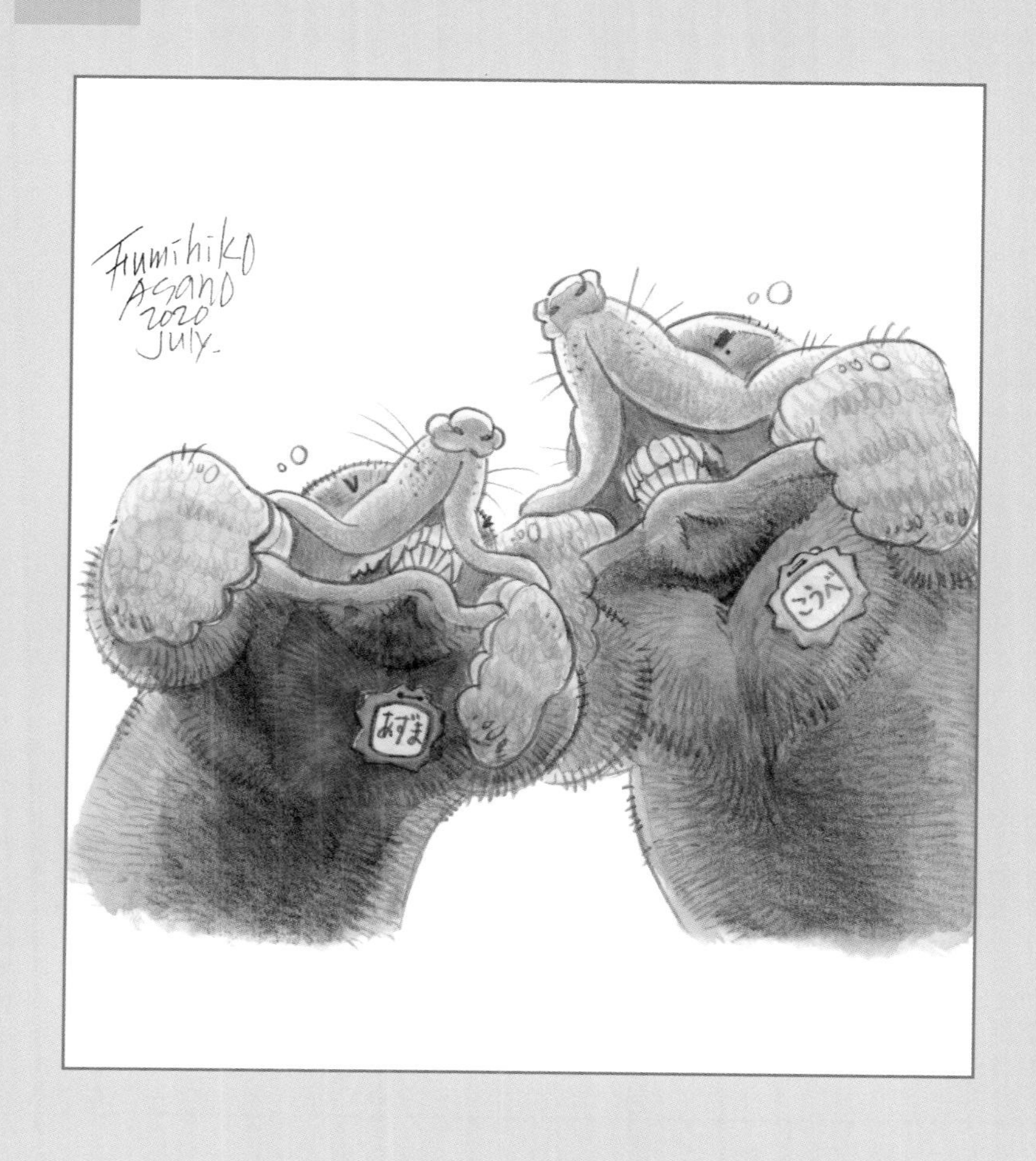

証拠としての標本

January 2013

誰からも僕のデータに文句を言われることはない。徹底的にやるのがプロの仕事である。

今でこそ「標本のことならまかせてくださいよ」なんて気取っている僕であるが、初めて研究の世界に足を踏み入れた頃はまじめに標本作製をやるような類の学生ではなかった。僕が大学生の頃に最初に着手した研究は「北海道産ヤチネズミ類の染色体の比較」という内容で、野外で採集したネズミから染色体を調べるのが僕に与えられたテーマだった。標本を使って形を調べるのが目的ではなく、ただひたすら実験してデータを出すことが求められていたのだ。僕は実験屋さんとして研究をスタートした。

ただし当時の先生は、実験に使用したネズミはすべてアルコールにつけて保存しておくように、と僕に指導した。「自分が染色体を観察した材料が、間違いなくその種である、ということをあとから確認できるように、標本として残しておきなさい」ということである。実際に卒論が近づいた頃、すべてのアルコール漬けの標本から頭の骨を取り出して、染色体を調べた個体がヒメヤチネズミとタイリクヤチネズミという2種であることを、臼歯の形から確認する作業を行った。

このように、標本そのものを研究材料とするわけでない実験系の研究をやっている人にとっても、その実験の

証拠としての標本

信頼性を示す証拠として標本が機能する場合がある。誰かが研究成果を論文にした場合に、それが本当に正しい結果だったかどうかを確認するには、同じ材料で、同じ実験条件で調べ直す、ということが必要だ。そのためにはその材料が正しく同定された分類群であったり、系統であったりということはとても大切になる。ヒメヤチネズミとタイリクヤチネズミでは染色体が違う、というのが僕の最初の研究成果だったのだけど、そもそも本当にこの2種を調べたのかどうか、使った材料の本体を捨ててしまったら、あとで確かめようもない。

とはいっても、当時はとりあえず残しておくのが大切ってわけだから、アルコールに〝ぽちゃん〟として終わりというのが普通だった。かなり雑な標本作製ではあるが、立派な液浸標本ということもできるだろう。

さて、その後、僕は愛知県の某所で標本バカとなって現在に至るが（24ページ）、今でも染色体は僕の研究テーマの一つであり続けている。今では証拠の残し方も大分変わってきた。哺乳類の標本というと、毛皮と骨の乾燥標本が一般的なので、採集した動物はまず皮を剥いて仮剥製標本とする。残った部分から骨髄や組織といった染色体用のサンプルを採取して、適切な培養措置を行って染色体を観察する。さらに残った部分から内臓を取り出して、これは液浸標本とする。最後に筋肉を取り除くと骨格標本が仕上がる。ここまでやっておけば、あとでその個体を調べられても、種の同定は容易にできるので、誰からも僕のデータに文句を言われることはない。徹底的にやるのがプロの仕事である。

なお、染色体用のサンプルから顕微鏡観察用のプレパラート[*1]を作製する作業は、「染色体標本作製法」と呼ばれる。実験結果としてのプレパラートや、染色体を撮影した画像だって、その個体の特徴を示す標本の二次的な資料だと僕は考えている。

＊1 プレパラート……ガラスやプラスチックでできたスライドに試料を固定し、顕微鏡でいつでも観察できるようにした標本。

マイブーム、鎖骨

May 2013

わりと最近まで、タヌキに鎖骨があるのを知らなかった。

最近タヌキの鎖骨にはまっている。

我々標本作製大好き人間たちには、およそ各自大好きな骨というのがあるものだ。それは大体においてその人の研究対象である場合が多く、例えば博物館に来館する研究者のなかでも化石哺乳類の研究者は踵（かかと）の骨が好きだったりする。これは、この骨が化石として残りやすいからだろう。有袋類の袋を支えると古く考えられてきた前恥骨とか、尾の腹側にあるV字骨といった、特定のグループに特徴的に存在する骨も、好まれがちな対象だ。なかには雄だけに存在する陰茎骨がかっこいい、という女性研究者もいる。骨は我々の興味を引いてやまない。

僕はモグラが専門なので、やはりモグラで独特の形態をしている骨が好きだ。癒合（ゆごう）して一つの骨になった骨盤や、幅広く頑丈な上腕骨はとても魅力的である。こういう特殊な形をした骨にはなんらかの意味があるはずで、その形の違いを見ることで、例えばモグラなら地中生活への適応度を調べることができるのではないか、と考えられる。そして実際にこういった骨には分類群間での違いが反映されていることが多く、分類形質としても重要ということになる。

鎖骨はというと、哺乳類のなかでも

マイブーム、鎖骨

この骨があるグループとないグループがある。我々ヒトの鎖骨は、細長く、喉の下あたりに左右に張り出しており、その存在がパッと見でよくわかる。巷では「男性の鎖骨の出っ張りが好き」という女性も多いと聞くし、体育会系の人がよく折る骨としても有名だ。一方モグラの仲間では、ヒミズのような半地下生活から完全地中性のモグラへと地下生活の度合いが進むにつれて、鎖骨はだんだんとボール状になる。骨に詳しい研究者であっても、「これが何かわかりますか?」と尋ねても知らない人が多く、そのくらい〝鎖骨らしい〟形から変形しているのだ。モグラの面白さを語るうえでは欠かせない骨である。

僕はわりと最近まで、タヌキに鎖骨があるのを知らなかった。タヌキを含む食肉類では、鎖骨は非常に小型化していて、ほかの骨と関節していない。ご存知のとおりタヌキはとても身近なイヌ科の動物で、交通事故にあう動物ナンバーワンである。だからこれまでに標本にする機会も非常に多かったが、それらしいものを上肢と体幹の間に見つけたことがなかったのだ。あるとき、知り合いの獣医学者から「タヌキにもイヌにも鎖骨はありますよ、すごく小さいですけど」と聞き、それから注意深く肩周りを解剖するようになった。するとと確かに上腕骨の基部あたりに、指でつまむとこりこりしたものがある。「これか」と思ってその部分だけを煮てみると、ちゃんと小さな骨が残った。

解剖に詳しい僕のアシスタント、栗原望さんに教えてもらったところ、鎖骨というのはそもそも上腕頭筋という後頭部から腕に走行する筋肉が腕の付け根を通過するあたりで骨化するものなのだそうである。解剖の教科書を見ながらそのあたりを調べると、いとも簡単に鎖骨を発見できるようになった。それ以来、タヌキを解剖するときは鎖骨探しを楽しめるようになった。「そんな小さな骨、残せなくてもいいんじゃないの？」という声が聞こえてきそうだが、全身骨格標本と呼ばれる以上、すべての骨を回収するのが望ましい。

標本番号

December 2013

数字を4桁に設定したのは、「死ぬまでに1000個体以上の標本を残してやるぞ」という意思表明である。

標本は番号で管理される。僕はモグラの研究者だから、これまでたくさんのモグラを捕まえて標本にしてきた。標本は個体だけ残しておけばいいというものではなく、いつどこで捕まえたといった情報も重要だ。そこで各個体には番号が与えられ、それら標本の個体情報とともに保管されるのである。これはフィールドに出て自ら研究材料を採集する研究者なら誰でもやっていることだと思うが、僕の場合はShin-ichiro KawadaのうちからS-Kという3文字のアルファベットと、4桁の番号で登録している。S-K0001は僕が大学院博士課程に進んで、愛知県設楽町のフィールドで研究を始めた1998年3月4日に、最初に捕まえたコウベモグラに付けられている。数字を4桁に設定したのは、「死ぬまでに1000個体以上の標本を残してやるぞ」という意思表明である。現在この番号はS-K0979番まできており、もう少しでこの目標値に達することとなる。モグラ研究者だけに、これらの標本のほとんどは世界中のモグラである。標本リストを眺めると、「ああ、この頃あそこであんな苦労をしてこいつを捕まえたのだったな」などと、感慨に耽ることができる。まさに標本リストは僕がこれまで研究してきたヒ

標本番号

ストリーそのものである。
「川田さん、標本バカというわりに、まだ1000に達していないの?」と言われそうなので先に説明しておくと、実は僕が博物館に就職した2005年以降、この番号は伸び悩んでいる。博物館での仕事に追われるようになったことが理由ではあるが、それよりも博物館で標本にした個体は別の番号で登録するようになったからだ。僕のS-K番号は、僕がフィールドで採集したものに限定したスペシャル番号である。

さて、博物館での標本番号は、その個体を受け入れてから処理に回る段階で、仮の番号が付けられる。哺乳類の標本は基本的に毛皮と骨で1個体が構成されるので、正式な登録番号が与えられるのはそれらがきちんと揃ったときだ。こちらの番号は国立科学博物館の旧英名National Science Museum, Tokyoの頭文字と、哺乳類を意味するMammalのMを取って、NSMT-Mの略号を用いて番号が付けられている。僕が就職した当時はこの番号が33000くらいだった。それが今や43000を突破。8年ちょっとで1万点の増加があったと考えると、僕もわりとよくやったな、と自賛したくなる。

4万点という数字がどれくらいのも

のかというと、例えばおそらく世界一の標本数といわれるアメリカ合衆国のスミソニアン国立自然史博物館には59万点の哺乳類標本があるという。僕が学生時代にお世話になったロシアのノボシビルスクにある博物館は当時11万点ということだったが、このクラスの博物館はロシア国内にいくつもあって、最も多いのはサンクトペテルブルクの動物学博物館だそうだ。そう考えると、日本の博物館コレクションはまだまだ未熟ということになるのだが、日本の歴史を見ると博物館の誕生は明治維新以降であり、さらに関東大震災や太平洋戦争で博物館は度々壊滅的な状況にさらされた。現在のコレクションは大体1950年代からの蓄積と見てよろしいかと思う。海外の博物館にはその長い歴史にも標本数にも及ばないのだが、4万点のコレクションは戦後からの日本の哺乳類学のヒストリーを示すものであるといえるだろう。

乳歯の意味

February 2014

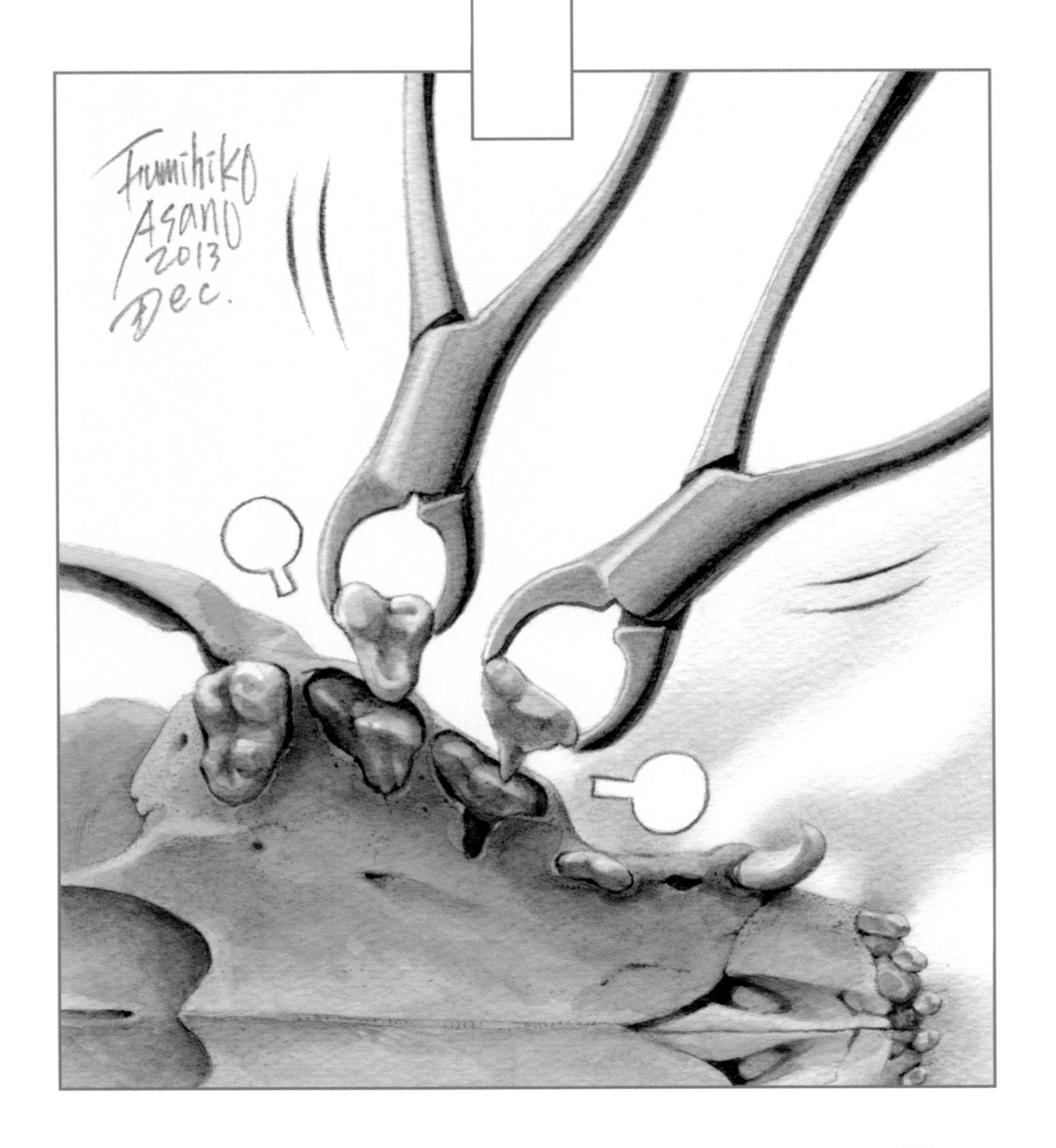

この仔イヌの標本は、
僕に面白いことを教えてくれるきっかけとなった。

博物館のサービス関係担当部署から、「動物の頭の骨が見つかったので種を調べてほしい」という連絡があった。こういった「標本同定」の依頼はちょくちょくくるのだけど、このときに受けた標本はちょっと面白いものであった。何が面白いって、イヌのものである。ただのイヌではない。かなり若い個体の頭の骨だ。しかもほぼ完全な状態で残されているではないか。

そんなの珍しくないという声が聞こえてきそうだが、馴染みのある動物だからといって「いつでも手に入る」とか「一つあれば十分」と思っていてはいけない。生き物には齢変異というものがあって、大人と子供の標本を見比べることでも面白いことがわかる。この仔イヌの標本は、僕に面白いことを教えてくれるきっかけとなった。

哺乳類と定義される動物群には、いくつかの特徴がある。名前のとおり「乳」を飲んで育つことがその一つ。そしてもう一つ重要なのが、「歯」に見られる特徴である。まず前提として、哺乳類の歯にはいろいろな形があるということを覚えていてほしい。よくアニメなどで、哺乳類の歯を全部ギザギザに描いたものを見かけるが、これは恐竜とかのイメージに引っ張られすぎである。本当は前歯（切歯）と奥歯（小

乳歯の意味

臼歯と大臼歯）の形は違うし、分類群によっては途中に犬歯と呼ばれる細長い歯を持つものもある。イヌを含む食肉類では、上顎の第四小臼歯と下顎第一大臼歯が特に前後に細長い歯になっていて、肉を切り裂く役割を持つ「裂肉歯（れつにくし）」となっている。

　そして哺乳類の歯は、恐竜やサメと違ってたった一回しか生え替わらないのも大きな特徴だ。だから哺乳類であるみなさんも歯は大切にしたほうがいい。哺乳類では多くの場合で、歯が生えていない状態で生まれる。成長するに従い、最初に下顎の切歯が、そして上下の順に奥のほうへと歯が生えてくる。これはいわゆる乳歯と呼ばれるものである。一番奥にある大臼歯と呼ばれる歯は、しばらく生えてこない。大臼歯が生えるまでに、前のほうの歯は一度生え替わって永久歯になる。大臼歯は一生生え替わることはない。悲しいかな、僕が大学院生の頃に抜いた左下第二大臼歯も二度と生えることはない。

　僕が同定依頼を受けたイヌはまさにこの時期の個体だった。上顎の歯列を見るときれいに乳歯が揃っていて、その後ろにはもうすぐ生えてくる大臼歯が顔を出しているではないか。イヌの上顎第一大臼歯は、その前にある裂肉歯で切り裂いた肉をしっかりと咀嚼（そしゃく）できるよう、正三角に近い形の幅広い歯になっている。そして当然この歯の前には切り裂きに適した歯がある……と思いきや、ない。そこには、咀嚼のための第一大臼歯を小型にしたような形の歯があった。これはおかしい。

　実はこの歯は、第四小臼歯の乳歯である。そしてその前の第三小臼歯の位置には、成獣の裂肉歯を小型にしたような歯が備わっている。これも乳歯である。つまり、イヌの小臼歯の乳歯と永久歯は同じ場所に生えるのに、その形態は全く異なっているのだ。乳歯の形は、１つ後ろに生える永久歯に似ているのである。これにはとっても大切な意味がある。仔イヌは乳を飲んで育つが、少し成長するとそのうち離乳食を食べるようになる。その頃にはまだ顎の骨が完成しておらず、しっかり咀嚼できる大臼歯は生えていない。そこで一番後ろの乳歯の形が大人の奥歯に似た形になって、多少の切り裂きと咀嚼ができるようになっているのだ。乳歯は単なる永久歯の小型版ではなく、ちゃんと意味のある形を持っている。

肋骨を数える

December 2014

数学をしなくても算数的な能力さえあればできる研究だってあるのだ。

先日、長野県塩尻市にツキノワグマとニホンジカの死体をもらいに行ってきた。今年はどうやらドングリの実が不作らしい。山から下りてきたツキノワグマが駆除されて、僕のところに連絡がきている。1日をかけて信州までのドライブを終え、博物館の地下作業室に搬入し、日を改めて解体を始めた。

ツキノワグマの肋骨を後ろのほうからはずし始めたところで、面白いことに気づいた。肋骨の数が1対多い。これは珍しいと喜びつつ、次にニホンジカに着手したところ、今度は右側の肋骨が1本だけ通常より多いではないか。過剰肋骨である。こういった変異はまれに出くわすものだが、同じ日に別の動物を解体していてどちらも過剰肋骨を持っているとは、なんという奇遇だろう。このような異常な個体に出会えるのは、たくさん標本を集める人間ならではの醍醐味ともいえるものなのである。

そもそも僕は肋骨の数を数えるのが好きだ。多くの研究者はもっと高度な統計解析などを使って数学的な研究をしているが、僕は統計が得意ではない。でも数くらいは数えられる。数学をしなくても算数的な能力さえあればできる研究だってあるのだ。肋骨を数えるのは、僕の研究テーマの一つである。

肋骨を数える

ツキノワグマとニホンジカはそれぞれ通常14対と13対の肋骨を持つ。肋骨の数は哺乳類のグループごとに大体決まっていて、クマ科を含む食肉類は14対のものが多く、シカ科やウシ科を含む偶蹄類では基本数が13対なのである。ちなみに獣医学の友人の話では、「基本はヒトの12対で1ダース、ウシは『モー』と鳴くからもう1対で13対と覚える」と教えられるのだという。

　グループごとに決まっていると書いたが、僕が興味あるのはモグラの話である。モグラ科の肋骨は基本13対なのであるが、日本のモグラのうち最も一般的に知られるアズマモグラとコウベモグラの肋骨は14対なのである。これらの種と同属の関係にあるサドモグラという種では13対のままだ。どうやらモグラの仲間でアズマモグラとコウベモグラの祖先が枝分かれした後に、なぜか肋骨が1対増加したということらしい。この事実を最初に報告したのは吉行瑞子先生という僕の大大先輩にあたる方で、分類学的にも面白い特徴であることを示されている。そこで僕もモグラの骨を調べるときは、まず肋骨の数に注目するのである。学生時代にコウベモグラの骨格標本をたくさん集めて調べてみたところ、やはり基本は14対で、15対ないし片側だけ15本という変異がまれに見つかることもわかった。

このように特定のグループや種で肋骨が増加している例はいくつか見受けられる。例えばシカ科のなかではトナカイのみが14対であることが知られる。また、ウシ科ではバイソンの類が14対であり、ウシは13対だがウシと同じウシ属のヤクは14対となっている。ヤクは最近の遺伝子の研究ではウシよりもバイソンに近縁な動物であることがわかっていて、なんと、肋骨の数からみた分類と全く一致するではないか。さらに国内で化石として得られるハナイズミモリウシという種の肋骨は14対だが、これも実はウシではなくバイソンの仲間であることがわかっている。肋骨の数はなかなか面白いことをほのめかしてくる。

というわけで、みなさんも博物館に行ったらぜひ肋骨だけでなくいろんな骨の数を数えてみるといい。小学生の自由研究にも、とってもいいテーマになると思う。

間違い探し

May 2015

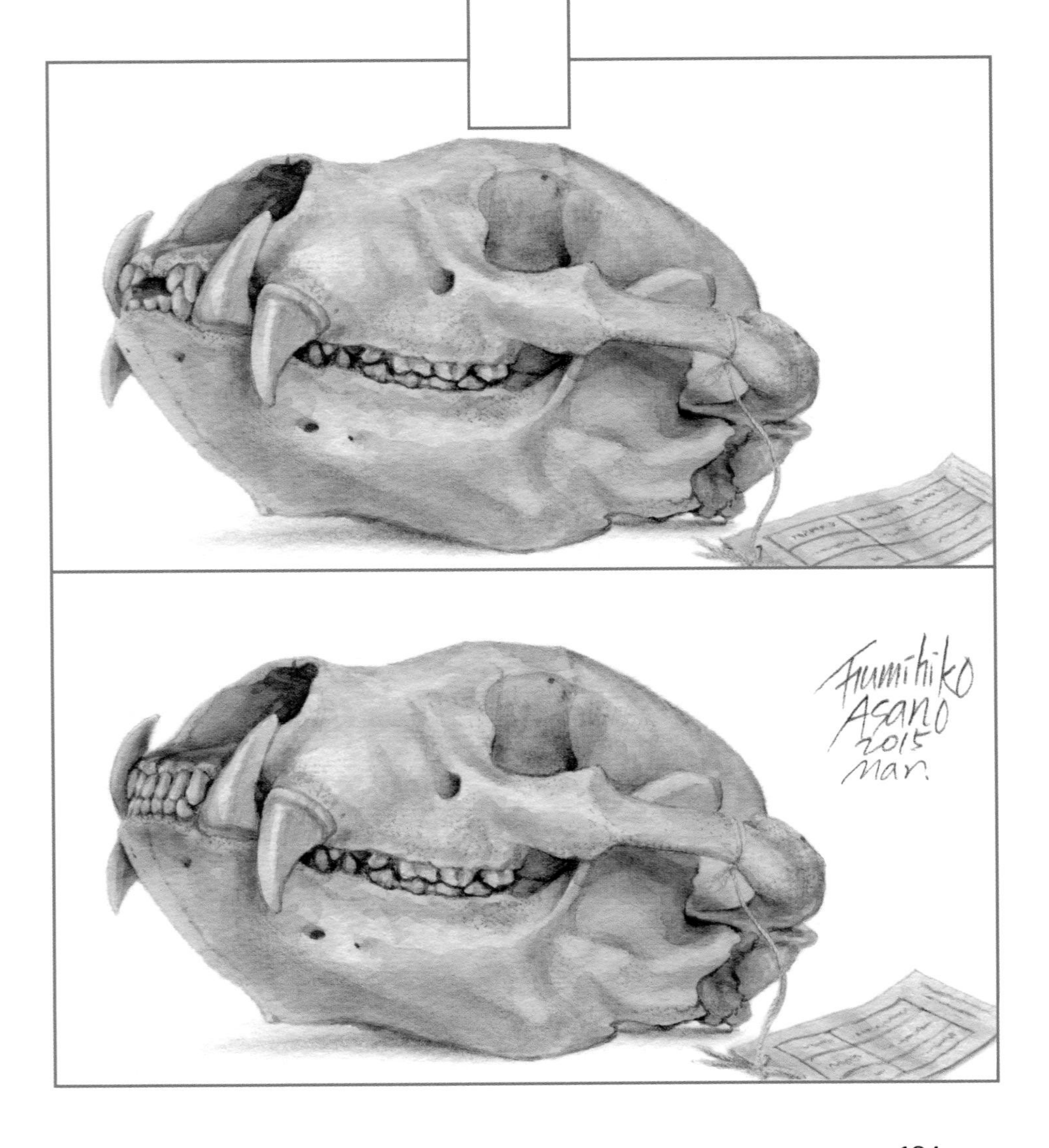

結論としては、指の数などからくまモンはクマではないとしている。僕も同意見だ。

友人が最近出版された本に関わったということで、1冊送ってくれた。『くまもとの哺乳類』（東海大学出版会）というこの本が大変面白かったので紹介する。

熊本県で哺乳類の調査や研究を行っている専門家とアマチュア研究家が、哺乳類に関する100の話題をコラム形式でつづった本である。各話題は2ページ程度でまとめられているので、ちょっとした空き時間に手に取って読むことができる。熊本といえば哺乳類の有名なキャラクターがいるが、なんとこの本にはあの「くまモン」まで登場する。著者はその形態的特徴から、くまモンがクマなのかどうかということを考察しており、結論としては、指の数などからくまモンはクマではないとしている。僕も同意見だ。

このように創作された、あるいは作品のなかで描かれた動物の姿を研究者目線で監修することは、重箱の隅をつつくようで製作者には迷惑かもしれないが、僕も放ってはおけない。剥製標本などを見ていても、アメリカの有名剥製業者が作製したものに間違いを見つけては喜ぶというタチの悪さである。例えばクマつながりで一つ紹介すると、僕が管理しているナマケグマの剥製に明らかな間違いがある。ほとんどすべてのクマは上顎切歯が3対あるのだが、ナマケグマという種だけは中央の歯が失われて2対となり、真ん中に隙間がある。ところが有名剥製業者が作製したこの剥製には、隙間なく3対の歯が作られているのである。歯の数は哺乳類では種ごとに違うのだけど、これが一般にはあまり浸透していないらしく、よく間違えられる。

ジブリ[*1]の人気アニメ『となりのトトロ』で、メイちゃんがトウモロコシを抱えて一人でお母さんに会いに行くシーンをご存知だろうか。メイちゃんはその途中でヤギに出会うのだが、その大きく開けた口の上顎先端にはきれいに並んだ切歯と呼ばれる歯があった。あまり知られていないことだが、ヤギを含む偶蹄目ウシ科は上顎切歯、つまり上の前歯がなく、奥のほうに臼歯があるのみである。下顎には切歯と犬歯からなる4対の歯が扇形に並んでいて、ウシ科の動物はこの歯を使って草を下から突き上げるようにして刈り取って食べる。これが彼らにとって効率のよい採餌法なのだといわれている。

ディズニーの『アナと雪の女王』に登場するトナカイのスヴェンにも、同じように上顎切歯がある。さらにスヴェンは、飼い主であるクリストフが与えたニンジンを見事な音を立ててポ

注文番号 845

国立科学博物館のひみつ

著◆成毛眞、折原守　　本体1,800円

上野の日本館案内、巨大バックヤードである研究施設への潜入取材、チラシで振り返る特別展史など、科博が100倍おもしろくなる情報が満載!

注文番号 877

国立科学博物館のひみつ 地球館探検編

著◆成毛眞 監修◆国立科学博物館 本体1,800円

夢の科博ガイド第二弾!　科博の本丸・地球館を中心に、総勢15名以上の人気研究者が、見どころ&遊びどころをご紹介。読めば絶対に行きたくなる!

注文番号 912

ならべてくらべる 絶滅と進化の動物史

著◆川崎悟司　　本体2,000円

首を長くしたキリン、海に帰ったクジラ、鼻を伸ばしたゾウ……動物たちの強く、賢く、逞しく、そして壮大な絶滅と進化の歴史を、細密な復元画とともに解説。

注文番号 846

生命のはじまり 古生代

著◆川崎悟司　　本体1,500円

生命が誕生し、爆発的進化を遂げた古生代。アノマロカリスやハルキゲニアなどのカンブリア紀のスターをはじめ、古生代を彩った個性豊かな生き物たちを紹介。

籍通販のご案内

ご注文方法は裏面をご覧ください。

注文番号 928

アノマロカリス解体新書

著◆土屋健　　本体2,300円

史上最初のプレデターにして古生代カンブリア紀のスター、アノマロカリス。彼らはどのように発見され、解明され、愛されてきたのか。その研究史、文化史に迫る！捕食シーンを再現したAR（拡張現実）付。

注文番号 934

標本バカ

著◆川田伸一郎　　本体2,600円

標本作製はいつも突然やってくる―。「標本バカ」を自称する博物館勤務の動物研究者が、死体集めと標本作製に勤しむ破天荒な日々をライトなタッチで綴ったエッセイ。雑誌『ソトコト』の人気連載を書籍化。

注文番号 937

アラン・オーストンの標本ラベル

著◆川田伸一郎　　本体2,200円

世界の博物館に眠る、日本産動物の古い標本。これらはいつ、誰の手で、どういう経緯で今そこに収められているのか。日本の動物学・博物学の黎明期にその発展を支えた、あるイギリス人貿易商の功績を追う。

＊1 執筆時の著者の誤解により、この段落に間違った記述がある。探してみよう。→答えは216ページ

リポリと食べるではないか。トナカイが属する偶蹄目シカ科もウシ科と同様で、上顎切歯はない。ウシ科と違うのは上顎犬歯があることで、しかしそれも非常に小さい種が多く、ものを齧るのには役に立たない歯である。ヤギやトナカイにはニンジンを齧ることはできない。これができるのは整然と並んだ前歯を持つ奇蹄類のウマである。

世界的に有名なアニメ制作会社の作品でも、間違えて描かれてしまう偶蹄類の歯。なお偶蹄類でもイノシシ科やラクダ科には上顎切歯がある。イノシシは根っこなども食べるのでニンジンは齧れるだろうが、ラクダにはちょっと無理かもしれない。歯の形態は動物の食性と食べ方を反映したものである。

博物館に行ったら、ぜひ標本でウシ科やシカ科の前歯を見ていただきたい。また街角でこれらの動物のイラストや造形物を見つけたら、前歯に注目してみよう。わりとすぐに間違った歯を持つ個体が見つかるはずだ。

皮膚病のタヌキ

November 2015

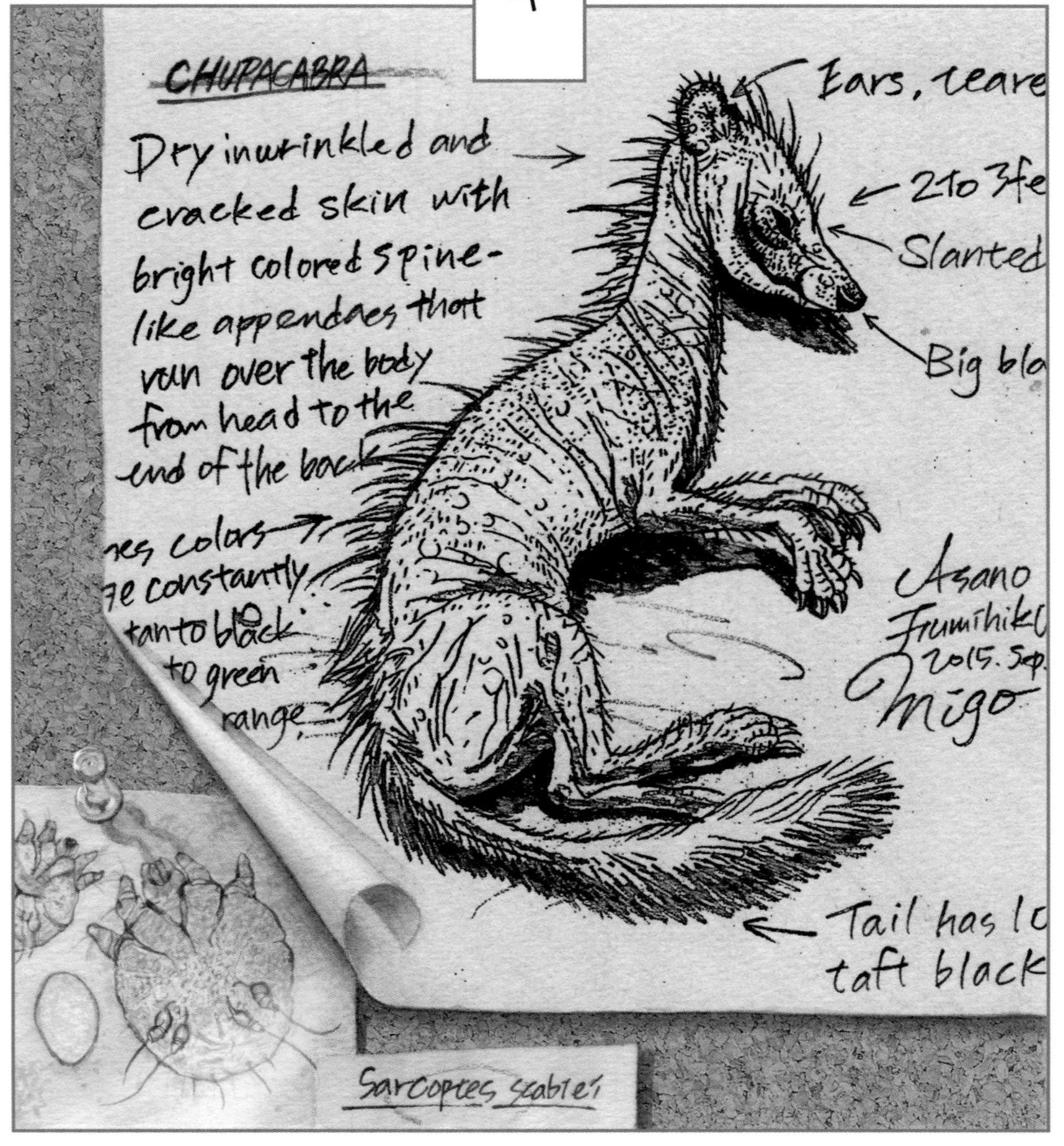

「チュパカブラの同定について」
とかいう件名でメールがきたりするのである。

オモシロ映像などを扱ったテレビ番組が人気である。なかには正体不明の生き物が動く様子を映したものもあるが、こういった生き物を専門用語でUMAというらしい。僕はこの手の動物は専門外であり知識もないが、興味はなくもない。というのも、このような番組の制作会社から、「同定依頼」の名の下に画像付きで問い合わせがくることがたまにあるのだ。あるときは「チュパカブラ」という聞いたこともないUMA名で依頼がきたものだから困った。「チュパカブラの同定について」とかいう件名でメールがきたりするのである。わけがわからないが笑える。

その動物はとあるところで死体として見つかったのだという。全身に毛が無く、これまでに知られている動物ではないそうだ。もしかしたらこれは宇宙から舞い降りた異星人か、あるいは地球上の未知なる生命体か？　まあそんな風に触れ回ってくれて結構なのだけど、外見がどうであろうと骨にすればだいたい決着がつくので、こういう情報を提供する際には現物を確保するよう心掛けてほしいと思う。画像だけ見せられても真実はわからない。毛が抜けてはだかんぼうになった動物は、およそ皮膚病に侵されたかわいそうな動物だろうと思う。

皮膚病のタヌキ

学生の頃、疥癬症（かいせんしょう）という皮膚病にかかったタヌキを初めて見たとき、標本バカとして未熟だった僕はぎょっとした。全身の毛はほぼ無く、皮膚は乾燥して硬くひび割れて、表面には無数の皺があってたるんでおり、各所から出血も見られた。噂には聞いていたが、これほど気持ち悪いものとは思わなかった。一見では得体の知れない別の生き物であると思われても仕方がなかろうと思うし、実際タヌキとは思えぬ姿だった。この個体は冬の寒い時期に、納屋の中で眠るように死んでいたものをもらい受けたものだ。毛を失ったタヌキは、十分な断熱効果のある表皮を持たないので、冬の寒さはしのげないだろう。さらにどうやらこの症状はとっても痒いそうで、餌もろくに食べられず、日中もうろうろするようになり、交通事故で死亡することも多いのだという。その後も度々、疥癬症のタヌキを拾ったりもらったりする機会があった。あるとき、気持ち悪いながらも珍しく感じた僕は、後輩にせっかくだから毛皮を標本にしようと、これまた気持ちの悪い無理強い……いや提案をし、この標本は現在もちゃんと保管されている。疥癬症のタヌキの毛皮標本、といっても毛はほとんどないので「皮標本」だが、このような標本はそれほどたくさんは存在しないのではなかろうか。普通の人はこういうものは標本にしない。

今ではもう、こういったケースには慣れてしまって、それほど気持ち悪さは感じず、ただ哀れと思うくらいである。むしろそういった標本こそ病状とともにきちんと残しておく重要性を感じている。疥癬症はヒゼンダニという外部寄生虫が引き起こす病気で、このダニが皮膚の中で増殖して悪さをする。ちゃんと判定するためには皮膚の内部をダニの専門家に見てもらわなくてはならないので、毛皮は残さなくなってしまった。皮を剥いた後の状態や、内臓に異常がないかをざっと確認して、あとは全身骨格にするだけである。作業自体はそれほど大変でもない。このところ僕が集めている東京都のタヌキには疥癬症で運び込まれるものが多い気がするので心配だ。「毛のない奇妙な動物を見た」というUMA的質問が多くなったら、厄介でしょうがない。

不可能なパズル

November 2016

オサガメの骨格標本作製が困難な理由は、彼らの甲羅の構造にある。

どのように標本にするか、いつも悩む動物がある。先日のこと、茨城県の海岸にオサガメが漂着しているという連絡が友人から入った。世界最大のカメとして知られるオサガメは、日本近海には生息しないというが、年に数件の死体漂着がある。当館（※当時）の吉川夏彦さんが、これまでに収集した個体を用いてDNA解析を行ったところ、これらのほとんどはニューギニア島周辺で生まれた個体だそうだ。どういった経緯を辿ってか、はるばる北日本に至る地にまで漂着することがある。これまでに3個体くらい回収して標本にしてきたが、そのいずれもがあまり納得のいく形で標本にできなかった。そこで今回こそはうまく全身骨格標本を作ろうと、ウミガメに興味がある2名を連れて、回収に行ってきた。砂浜を車で走るのは危険だ。4WDの公用車でもタイヤが埋まって哀れなウミガメ同様身動きがとれなくなってしまう。目的のオサガメの漂着した場所を確認して、できるだけ近いところに車を停め、持参したソリに荷物を載せて砂上を数百メートル引いていく。かなりの重労働だが、なんとか回収することができた。

オサガメの骨格標本作製が困難な理由は、彼らの甲羅の構造にある。普通

不可能なパズル

のカメは脊椎骨と肋骨及び甲羅の周囲の骨24個くらいががっしりと組み合って背側・腹側の甲羅を形成する。ところがオサガメの背甲は椎骨及び肋骨部とは独立しており、しかも数ミリから2センチ程度の非常に細かい骨が複雑に組み合って、長さ1メートル以上、幅およそ50センチの甲羅を構成している。厚さは数ミリ～1センチと非常に薄い。完全に骨だけにしてしまうと、とても壊れやすいものになってしまう。ほかの動物の骨と同じように煮てしまうなどもってのほかで、細かい骨のパズルは一度ばらばらになってしまえば再び組み合わせて甲羅の形にするのは不可能である。宇宙飛行士になる試験に無地のジグソーパズルが使われるというが、そんなものはまだまだ簡単、オサガメ甲羅パズルは絶対に解けない。

似たような不可能なパズルを持つ動物に、哺乳類のアルマジロがある。アルマジロの甲羅と呼べるものは、皮膚の中に細かい骨が整列して形成されている。こいつが厄介なのはほとんどの骨片が同じサイズの長方形で、一度ばらばらになったらどこの骨だかさっぱり見当がつかないところだ。以前、状態の悪いアルマジロの剥製をもらったときに、せめて骨にして残そうと長期間水につけすぎて、無残な骨の山と化してしまった。

なんとか工夫してオサガメのきれいな甲羅の骨標本を作りたい。前に処理した個体は甲羅の背側に木工用ボンドを大量に塗って養生(ようじょう)し、内側にカツオブシムシを大量投入して網を張り、余分な皮下組織を食べさせるという「虫カゴ作戦」を実行した。しかし食い尽くす前に冬を迎えて中途半端に終わらせてしまった。今回は趣向を変えて、無理に甲羅だけを残さず、その内側にある皮下組織まで乾燥させてみよう。

幸い、今回の個体は腐り加減がちょうどよく、皮下組織に埋没している椎骨と肋骨をうまい具合にきれいに摘出することができた。甲羅は一度ホルマリンにつけ、細かい骨がばらけないように固定する。ウミガメを標本にする際のもう一つの問題は骨とその周囲に大量に含まれた脂である。これは熱めのお湯にしっかりとつけることでどうにかなりそうだ。

こうして時間をかけて処理した結果、まずまずの出来で仕上がったが、薄い骨のパズルは皮下組織が乾燥して縮んだためにかなり変形してしまった。パリの自然史博物館にはオサガメの見事な全身骨格標本がある。一体誰がどのようにして作製したのだろうか。

モグラの骨盤

December 2016

僕が一番好きなモグラの骨は、この骨盤だ。モグラの骨盤のフォルムは素晴らしい。

今年度の日本哺乳類学会大会は、ここ茨城県つくば市を会場として行われた。僕は最近調べた永澤六郎という人物に関する発表をしたのだが、こういう一般発表とは別に、大会では自由集会という勉強会的なワークショップの時間が設けられている。僕が学生の頃は毎年モグラを含む食虫類の集会を行っていたが、仕事をするようになってからはこういった企画を仕切ることは少なくなった。それと呼応するように、モグラに関する一般発表数も今では減少傾向にあるようだ。かつては10件近い発表があった年もあったのだが、今やモグラ研究者は絶滅危機にあるのかもしれない。僕自身がモグラの発表をしないのだから、少々責任を感じている。

そのようななか、今年度大会では「骨盤！」というおそらく哺乳類学会史上最も短いタイトルの風変わりな集会がコウモリ研究者の福井大（だい）さんから提案された。モグラ研究の復興を期待してというわけではないが、僕もモグラの骨盤について話題提供した。骨盤は腰回りの骨のことである。以前「形態学者にはそれぞれ好きな骨がある」といったことを書いたが（169ページ）、僕が一番好きなモグラの骨は、この骨盤だ。

モグラの骨盤

モグラの骨盤のフォルムは素晴らしい。普通、骨盤というのは腰の部分の脊椎骨（仙椎〔せんつい〕）と左右の寛骨（かんこつ）という骨が関節して構成され、器状の形状を示す。ところがモグラの場合はこれらの骨は前後に細長く棒状で、完全に癒合して一体化している。しかもこの形がモグラ科の属や種でかなり独特の形態を持っている。このことにおそらく最初に注目したのは、ロシアのストロガノフという料理のような名前の研究者で、彼はモグラ科を分類するにあたり、この骨盤と、耳小骨（じしょうこつ）という耳の奥にある小さな骨を重視した。彼が研究活動を行ったサンクトペテルブルクの博物館には、耳小骨を取り出すために一部壊された頭骨や骨盤の標本が今でも残されている。彼の論文には耳小骨と骨盤の美しいスケッチがたくさん描かれ、ページをめくるだけで心が躍る。

　僕が分類学という動物の形態変異を主眼とする研究を開始したのは、学生の頃、ロシアへ留学した際に出会ったこのストロガノフのスケッチのおかげである。いつからか僕も彼のように骨盤のスケッチをするようになり、これに基づいた分類の論文を書くようになった。仙椎と左右の寛骨の癒合はどうやらモグラが地下に適応するに従い、広い範囲で起こるらしい。癒合が進むにつれて、仙椎と寛骨の間を通過する坐骨神経と内閉鎖筋という筋肉の腱の周囲が骨化して、背面から見ると骨盤に2つの穴が開いた様相となる。日本に分布するモグラにはこれらの2つの穴が顕著だが、大陸産のほとんどの種では穴が1つあるタイプにとどまっている。ストロガノフが言うように、この差異は大いにモグラのグループ分けに使えるに違いない。僕はこれに加えて骨盤の各部の長さと幅が種によって微妙に違うことに気づいた。このおかげでアジア産モグラの分類はかなり整理されてきたように思っている。

モグラの骨盤が好きな理由は、研究面においてだけではない。この美しい自然の造形を見よ。紐でも通して首から下げたら立派なアクセサリーにでもなりそうではないか。骸骨のアクセサリーはよく見るけども、モグラの骨盤だって全然悪くないだろう？

ミズラモグラをどうするか？

March 2017

僕はまだミズラモグラを拾ったことがない。
モグラ研究者としての汚点の一つである。

大学に勤務する友人から連絡があり、学生がモグラを拾ったので見てほしいという。添付された写真に微笑むと、次のように回答した。「おめでとうございます、間違いなくミズラモグラですね」。このコラムにちょくちょく出現するこのモグラ。世界的にも謎のモグラといえる種である。僕はモグラが分布する場所に行けば十中八九捕まえる自信があるが、ミズラモグラだけはそうはいかない。この種は採集されるより登山者などによって死体が拾われることのほうが多いという変わり者である。僕はまだミズラモグラを拾ったことがない。モグラ研究者としての汚点の一つである。

このモグラは*Euroscaptor*属という、中国からヒマラヤにかけて分布するモグラのグループとされてきた。この属は1940年にアメリカのスミソニアン自然史博物館にいたゲリット・ミラーがタイに生息するモグラを基準にして定めた分類群だが、僕はミズラモグラをこのグループに入れるのは適切でないとかねてから考えていた。ミズラモグラは非常に長い尾を持ち、また鼻先が特殊で、唇の上が背面にそり上がったようになっている。これらの形態はむしろヨーロッパ産のモグラ類に似ている。僕はこれがミズラモグラだけの

ミズラモグラをどうするか？

特徴かどうかを確かめるために、アジアの国々でこの属のモグラを採集してきたが、どれもミズラモグラとは違っているのである。

なぜこのような違いに誰も気づかなかったのか。それは、この属のモグラ類について、実際に現地で捕獲して調べようとした者がいなかったからであろう。この地域ではモグラはほぼ山地の森にしか分布していない。山でモグラを捕まえるのはコツが必要なのである。僕が調べ始めるまで、アジア地域のモグラは欧米の博物館にもほとんど標本がなく、あるとしても数点の乾燥毛皮標本と頭骨だけであった。乾燥した毛皮では、毛が生えていない鼻先の特徴はミイラ化して失われてしまう。乾燥標本では形態の確認に限界があるのだ。また、この属のモグラは頭骨の形態変異が著しく共通性に乏しいが、歯の数は合計44本という特徴を共有している。これはミズラモグラにも当てはまることから、長く属の位置付けが間違われていたものと考えられる。

一方で、遺伝子解析によるミズラモグラの独立した位置付けが明確になってきた。こうなると早いところ新属の記載をしておかなければ、外国の研究者に先を越されてしまいそうだ。日本のモグラ研究者としてこれほど悔しいことはない。そこでミズラモグラの新鮮な個体を観察して、この種の形態的特異性をまとめてしまおうとここ数年取り組んできた。しかし、前述したようにそう簡単に入手できるものではない。京都で生け捕りされたと聞いたときは急遽その姿を拝むために赴いた。標本番号５０００番として以前書いた（52ページ）個体は、この種独特の形質をじっくり観察するのに役立った。

改めて実見すると、鼻や尾といった外部の特徴はやはりどう見ても新属としてよいものである。見過ごされてきた骨盤など体骨格の特徴もこれまでタイやベトナムで捕獲してきたものとは明らかに異なっている。こうしてようやくミズラモグラを独立属に位置付ける論文を学術誌に発表することができた。日本産哺乳類の新属記載は、センカクモグラが誤って独立属とされた１９９１年以来、25年ぶりである。

モグラの親趾（おやゆび）

April 2018

形には意味がある。標本になった皮や骨をいくら眺め続けても不思議なだけ。

『パンダの親指』（早川書房）といえば、僕が大好きなスティーブン・J・グールドの有名なエッセイである。グールドはこのなかで、ジャイアントパンダの前足には5本の指に加えて親指の外側にさらに親指のような突起があり、これによってヒトのような拇指対抗性（ぼしたいこうせい）を可能にしている、つまり、クマ科の動物でありながら好物の竹を握ることを可能にしたことを書いている。このアイデアはその後、僕の博物館の先輩である東大の遠藤秀紀教授が発展させ、小指側の手首あたりにもう一つの突起があること、偽の親指と偽の小指とも称せられる2つの突起を5本の指とともに器用に使うことでしっかり竹を握れることが明らかにされた。この話は、国立科学博物館の展示でも紹介されており、収蔵庫に保管されているジャイアントパンダの骨格標本を使った解説でも定番のものだ。

クマ科の動物は、本来ものを握るための手をしていない。そこでジャイアントパンダは、掌から手首の部分にある骨を大きく変形させ、本物の指とは別に指のようなものをつくった。進化の過程では、既存の構造を変化させて別の用途を見いだすことはよく行われる。この偽の親指的存在は、実は様々な哺乳類で見られるのだ。例えばムサ

モグラの親趾

サビの場合は、大きな飛膜を維持するために軟骨が手首から後方へ突出している。また、陸上最大の哺乳類であるゾウも、重い体を支えるためのクッションのような機能を備えるため、弧を描くように配置された指の扇の要のあたりに似たような構造を持っている。そしてモグラにも類似した構造がある。

　モグラの場合、前足の手首のあたりから親指側に鎌状の長い骨が埋まっていて、多くの土を掻けるように手掌の面積が大きくなっている。この「鎌状骨」は有名な話だが、同様の骨が後ろ足にもあることはあまり知られていない。この骨は外形からも明らかにわかる指状の突起をしており、一見モグラの後ろ足には6本の指があるように見える。僕はこの「偽の親趾」にどんな役割があるのかずっと疑問に思っていた。モグラの後ろ足は普通のネズミと大差ない形をしているので、前足の「鎌状骨」のように、面積を広げるものではない。また、ものをつかむほど器用そうなものでもない。

　最近、この謎がようやく解けてきた。年明けに、研究所に併設されている筑波実験植物園で、ここに生息する動物の展示を行った。そこで、生きているモグラも展示することになり、金網でモグラの体にぴったりなトンネルをつ

＊1 拇指対抗性……親指がほかの4本の指と向かい合うように配置されている性質。これによってものをつかんだり握ったりできる。

くって、餌場や水飲み場を設け、その行動を来園者に見てもらえるようにした。この飼育法は、普段は見ることができないトンネル内でのモグラの行動を観察するのに優れている。モグラの研究を開始した1998年から、コウベモグラでこの手法を取り入れた飼育を行ったことがあるが、当時の僕は〝形態屋〟としては未熟で、モグラの偽の親趾に対して特に疑問を持っていなかった。疑問を持った今、せっかくの機会だから今回はこれの使い道をじっくり観察してやろう。

驚くかな、モグラは頭を下にして垂直な金網のトンネルを上下方向へ移動する際に、この偽の親趾と後ろ足中央に突出した肉球を金網のメッシュに引っ掛けるようにして、滑り止めとして使っていたのである。

形には意味がある。標本になった皮や骨をいくら眺め続けても不思議なだけ。実際に動いている様子を見ることも大切なのだなあ、と反省した次第である。

1万分の1の奇跡

August 2019

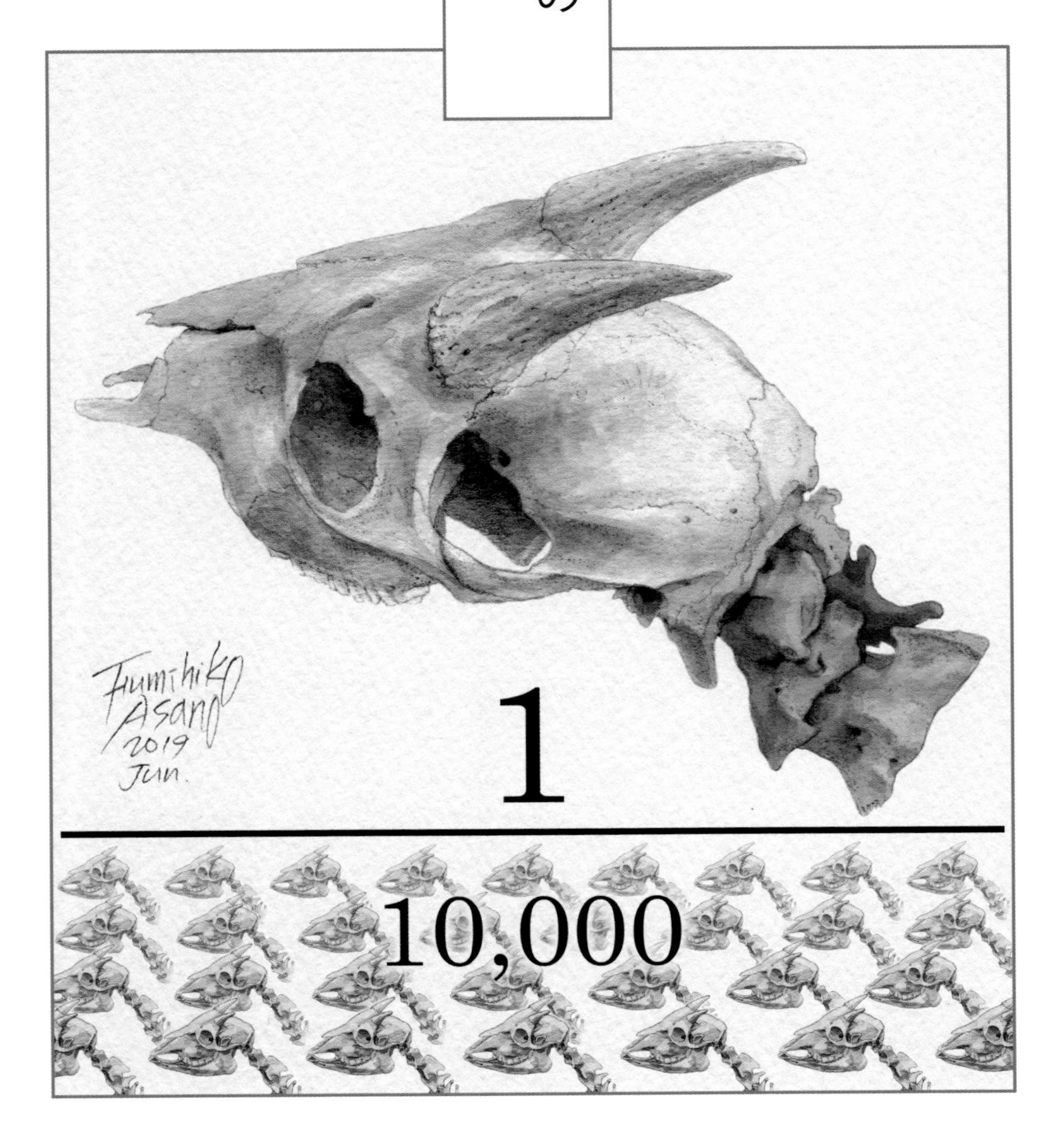

こういった正常範囲から逸脱した個体は、
いつも僕を喜ばせる。

この連載が始まった初期に書いた、ニホンカモシカの頭骨標本の収集（20ページ）は、現在もなお継続中である。すでに1万4千点を超える標本が集まっており、おそらく偶蹄類の地域限定標本群としては世界最大のものになっていると思われる。これくらいたくさんあればいろんな研究に使えそうだが、標本を作るのに手いっぱいで、僕自身はなかなか調べる方向に気持ちが動かない。もはや僕は標本作製マシーンだ。

カモシカの歯には多くの変異があって面白いので、作業室の流しで洗浄しているときに歯列をチラ見しながら、著しい変異が見られた場合は収納ケースに番号を書き込んでいる。あとで忘れないように、というメモ書きに過ぎないが、顎の一番後ろに普通は存在しない第四大臼歯を見つけたときなどは大歓喜する。あるとき、テレビのインタビューに答えながらカモシカの頭骨洗いを説明していたら、たまたま手にしていた個体の眼窩（がんか）*1が片側だけ異様に巨大であることに気づき、これを見つけて大喜びする僕の姿がリアルタイムでテレビに映ることとなった。

こういった正常範囲から逸脱した個体は、いつも僕を喜ばせる。思い出されるのは、ちょうど標本数が1万点を

1万分の1の奇跡

突破した頃に発見した個体である。いつものように袋に詰められた腐敗頭骨をバケツに移して洗おうと手に取ったところ、頭骨と頸椎が繋がる後頭顆（こうとうか）という部分になにやら付着しているのに気がついた。なんとこの個体では一番前の頸椎が頭骨に癒合しているようである。老齢個体では椎骨が部分的に癒合してしまうことがしばしばある。その手の加齢変化かなと思い、洗浄を完了し、見直してみたところ、おかしいのはどうやらそれだけではない。頭骨に癒合している第一頸椎は右半分だけで、左半分は第二頸椎に癒合しているようだ。「これは面白い」と収納ケースにメモした。

僕には首の骨が大好きな友達がいて、彼女の名を郡司芽久さんという。郡司さんの研究のメインテーマはキリンの首の仕組みを調べることだ。ご存知のようにキリンは非常に長い首を持つ動物であるが、その中にある骨の数は7つで、我々ヒトを含む多くの哺乳類と共通である。ではどんなわけでそんなに長い首の骨になってしまったのか、それを知るために彼女は解剖して調べている。以前、僕のところに動物園で死亡したキリンが搬入され、彼女が解剖しに来たときのこと、この異常なカモシカの頭骨について彼女に知らせた。

＊1 眼窩……頭骨のなかで、目玉が収まるくぼみ部分。

首には興味津々の彼女のこと、すぐに関心を示してくれて後日標本を見せることになった。

　彼女の調査結果がまとまったのは昨年の暮れだった。どうやら頚椎の形成時になんらかの要因（遺伝的なものである可能性が高い）によって、間違ったくっつき方をしてしまったものらしい。同様なケースはヒトや家畜では知られているが、野生動物では初めての症例であろうという。この結果を受けて思ったのだが、たぶん似たような例はいろんな動物で起こっているのだろう。ところがさすがに1万点以上もの標本を集めるバカも、調べる人もそういないので、見過ごされてきているのではなかろうか。我々が見いだした標本はまさに1万分の1の奇跡と呼べるもので、標本をたくさん集める大切さを教えてくれる。

ゾウの耳管、モグラの耳管

March 2020

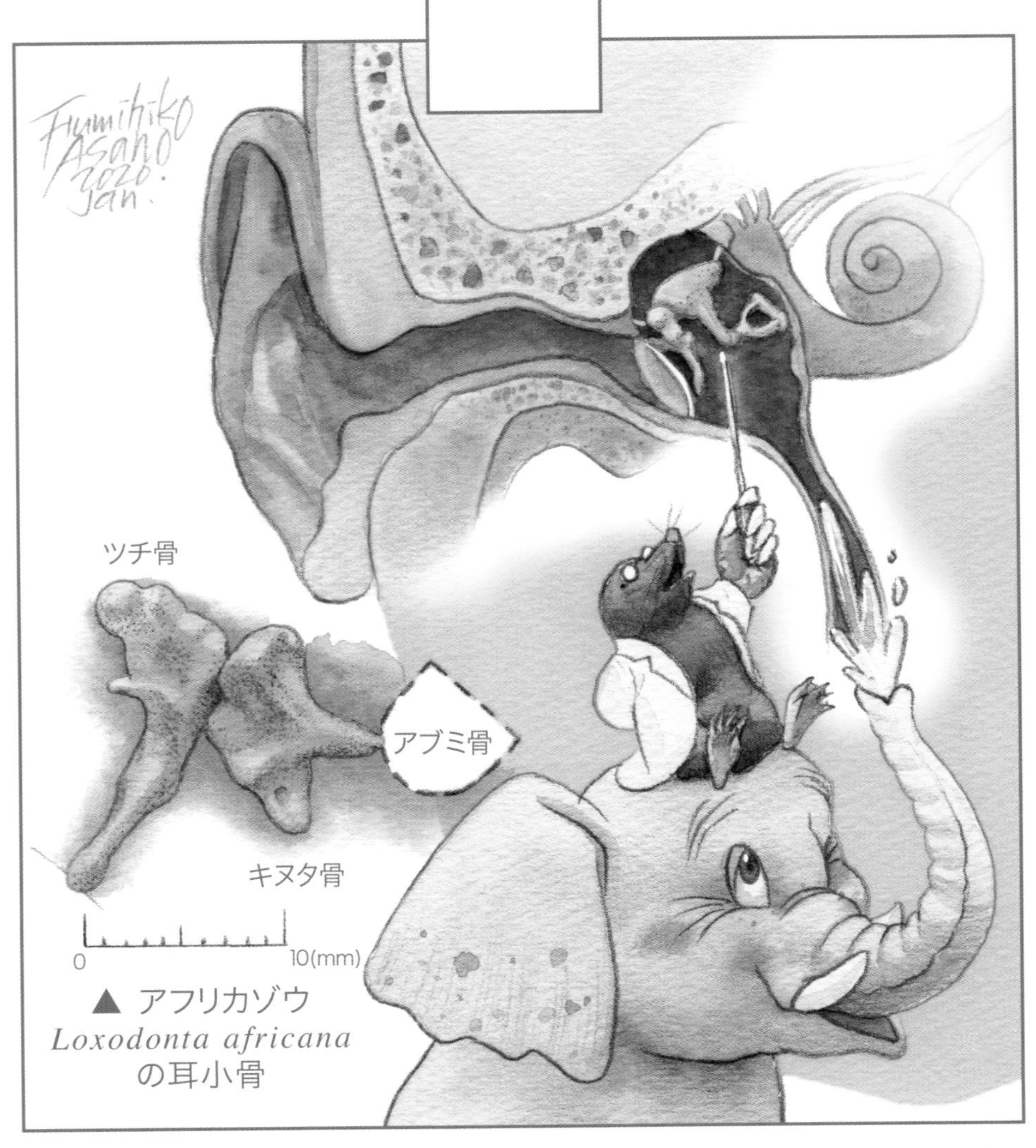

耳と口の連結部へお湯を流す遊びに1時間も費やしてしまった。

耳小骨という小さな3つの骨が大好きである。哺乳類の頭骨は複数の骨が組み合わさってできているが、そのなかでもこれらは左右の耳の奥深く、外からは見えない場所でひっそりと関節して、我々の感覚を助けている。この3つの耳小骨はそれぞれツチ骨・キヌタ骨・アブミ骨と呼ばれるもので、哺乳類に固有かつ共有された重要な特徴でもある。

モグラの耳小骨を研究したロシアのストロガノフによれば、この骨の形態は分類学的に非常に重要なものであるという。彼が残したイラストを論文で見れば、モグラ科のグループごとに様々な特徴を持つ3つの骨が描かれており、種によっては形態的に突飛なものも含まれるため、これは確かに研究しがいのある形であると思う。僕は彼の真似をして頭骨から耳小骨を取り出してはスケッチをして、アジアのモグラの分類に役立ててきた。ただ一つ問題なのは、これらの骨を破損なく取り出すためには頭骨の一部を壊さなくてはならないことである。苦労して採集し、作製した頭骨標本を傷つけるのは心が痛む。僕が所有する貴重な頭骨の聴胞（ちょうほう）と呼ばれる部分が左右の片側だけ壊れているのは、そういう理由である。

モグラでは数ミリサイズであるこれ

ゾウの耳管、モグラの耳管

らの骨、ゾウでは一体どれほどのサイズなのだろう。興味を持ったのはアフリカゾウの全身骨格を展示用に組み立てる作業を行っていたときだった。頭骨を運ぶために台車に載せようとしたら、なにやら小さな硬いものがころりと床に転がった。拾い上げるとゾウのツチ骨である。これを機に、いつか3つセットで標本として残したいと考えるようになったのだ。しかしゾウの外耳道は非常に長く、壊すとなれば大掛かりな作業になるし、重い頭骨を振って転がし出すというわけにもいくまい。

　ところが2年ほど前、ひょんなことからよい方法が見つかった。それはある動物園で死亡したアジアゾウの頭骨の処理中、処理槽に3週間ほど入れた頭骨の脂抜きをしっかりやろうと、ホースからお湯を出してありとあらゆる穴に噴射していたときだ。耳の穴から「スポン」と肉片のようなものが落ちた。きれいに洗浄してみるとツチ骨とキヌタ骨である。耳小骨が収まっている中耳は耳管という細い管で口腔と連結している。飛行機が上昇するときに耳が痛くなるのは、外気圧と中耳の圧に違いが生じて鼓膜が張り詰めるからで、あくびをしたら治るのはこの管が拡張されて気圧調整がされるからである。

どうやら僕がお湯を入れた穴は、この管が通る部分だったようだ。これは素晴らしい。モグラの耳管なら針の先も入らないが、ゾウの大きさならホースを差し込むことだってできる。逆側の穴にお湯を流したら、今度はキヌタ骨とアブミ骨が出てきた。しかしこのときはそれぞれもう一つずつの骨が出ず、この耳と口の連結部へお湯を流す遊びに1時間も費やしてしまった。

そして昨年11月末、僕は九州の山地でモグラの調査中だったのだが、動物園でアフリカゾウが死亡したとの連絡を受けて、調査を中止し帰京した。除肉作業を終え処理槽に入れて3週間後、「やり方はわかっている、今度こそは」の思いで、処理槽から取り出した頭骨を前に、耳管が通る穴を確認してホースから勢いよくお湯を噴射した。狙いどおりにころりころりと2つの骨が出てきたのだが、左右いずれもツチ骨とキヌタ骨だけ。一番奥にあるアブミ骨はどうやっても出なかった。複雑な頭骨の内部構造は僕の収集欲をまだ満たしてくれない。

標本集めは謎集め

「標本バカ」が連載されている『ソトコト』は、「ロハス」をテーマのひとつに掲げる雑誌である。ロハスは「Lifestyle of healthy and sustainability」の略語だそうだ。「持続的(sustainable)＝もったいない」という感覚って、例えば食事は残さず食べましょう、とか、空き缶はちゃんとリサイクルしましょう、とかいう場面でよく聞かれる言葉だろう。僕に言わせれば、動物の死体だって「もったいない」。牛乳パックを洗って乾かし、はさみで切って広げれば新しい紙へとリサイクルされるように、死体だって適切な処理を施せば、毛皮の標本(剥製)や、骨の標本(頭骨や体骨格)になる。また、形態学的研究のためには生き物を捕まえるという作業が不可欠である以上、死体集めは非常に「持続的」な標本収集活動だともいえる。一度はゴミとなりかけた標本も知的財産となり、永久無限の謎を引き出すことができるはずだ。人類はまだ標本の可能性を知り尽くしていない。

この章では僕が標本作製の経験から学んだことをまとめたが、ここに記したこと以外にも、動物を解体する作業や、そうして作られた標本を通じて、動物たちから教えられることはいろいろとある。哺乳類の体の仕組みについて研究している仲間が死体の解剖に訪問した際には、その時々の新発見について語ってくれる。骨格標本の調査で来館した研究者は、僕が気づいていなかったような面白い特徴について教えてくれる。

図鑑やインターネットで標本の写真を見るのと、実際に標本を手に取ってじっくり観察するのとは天と地ほどの差がある。そして標本にはまだ誰も気づいていないような謎も秘められていると思う。「わかっていない」ことというのは「すでに誰かが気づいた謎」だ。僕が博物館で行っている標本収集活動は、ある意味では謎集めともいえるのかもしれない。この謎をすべて解き明かすには、どれくらいの時間が必要なのだろうか。

187ページの答え……『となりのトトロ』でメイちゃんが前歯のあるヤギに出会うのは、一人でお母さんに会いに行く場面ではなく、正しくは病院から電報を受けたサツキが大学の父に電話をかけに行く際、ついていったメイちゃんがサツキとはぐれてしまった場面である。

第四章 標本バカの主張

学名を楽しむ

July 2013

「若い姉ちゃん、万歳！」というのが、イブニングコウモリの学名の意味するところだ。

学名は、標本と深い関係にある。一方で、この横文字で示される動植物の名前は、一般書などを書くときにいつも出版社から煙たがられる存在だ。僕が監修した哺乳類の学習図鑑でも、「各種の解説文の中に学名を入れたい」という希望を伝えたが、受け入れられなかった。なぜだろう。

学名はその種が属するグループ名（属名）と個々の種の名前（種小名）という2つの単語で表される。日本人の名字（氏）と家族内の識別名称（名）の関係と変わらない。「川田さん家の伸一郎君」というのと同じように、カナダオオヤマネコの場合なら「オオヤマネコ（*Lynx*）のカナダにいる種（*canadensis*）」という感じで使われるわけで、もっと親しんでみてもよいように思う。やはり問題は、その2つの単語に使われるのが基本的にラテン語というあまり馴染みのない言語であることだろう。

子供にとっては、学名がそれほど覚えにくいものであるとは思わない。例えば恐竜の名前でティラノサウルスやトリケラトプスを知らずに育った人は、よっぽど生き物に興味がない人だけだろう。ティラノサウルスもトリケラトプスも、それぞれ爬虫綱竜盤目と鳥盤目に属する属名だ。恐竜が好きな子ならティラノサウルスの種小名がレックスであることだって知っている。うちの4歳の子（家族内の識別名称は「よしひさ」）はこれらをまだ知らないけど、アニメの『ONE PIECE』に出てくる「バーソロミュー・くま」とか「トラファルガー・ロー」とかいった、まるで学名まがいの複雑な名前をフルネームでちゃんと個体識別して覚えている。つまり、ちゃんと興味を持って取り組めば、学名を覚えることだってそんなに難しくない。

というわけで、哺乳類の専門家として、今回は一つとっても覚えやすい学名をみなさんに覚えていただこうと思う。その前にもう少し学名の決まりについて補足しよう。

種の名前、すなわち学名というものは、最初に記載されたときに使われた特定の標本に対して与えられる。その標本と同じ姿かたちをしたものをすべて同じ種名で呼ぶことになっている。この基準になる標本を「タイプ標本」という。学名は正確なラテン語の単語でなくても、実はわりと自由に付けてよい。その動物の地方名や発見した人の名前をラテン語化して学名にすることもある。ただし1文字はルール違反である。必ず2文字以上のアルファベットで発音可能でなければならない。そして最初に付けられた名前は絶対変わらない。同じ名前を別の種に使うことも許されない。学名はイタリック表記することも覚えておこう。

さて、和名でイブニングコウモリと呼ばれる翼手目（よくしゅもく）ヒナコウモリ科のコウモリがある。これは中国で捕獲された標本に基づいて、1902年にイギリスの大英自然史博物館のオールドフィールド・トーマスという人物が命名した。その学名はなんと、「イア・イオ（*Ia io*）」というものである。属名も種小名も2文字というこの学名は、あらゆる生物のなかで最も短い学名だろうと思う。さて、覚えられたかな？

こんな短い単語で付けられた名前だが、ちゃんと意味もあるのだとか。かつてこの学名について解説した文章によれば、*Ia*とは若い女性を意味し、*io*は英語でいえば「hurrah!」、つまり「万歳！」といった意味を持つらしい。要するに、「若い姉ちゃん、万歳！」というのが、イブニングコウモリの学名の意味するところだ。こういった補足情報まであれば、学名を覚えるのなんて決して難しくはない。

唯一の標本

January 2014

この世の中には本当にたった一つだけしか標本が存在しない動物種が結構いる。

「どの標本が一番大切ですか？」という質問を受けることがある。僕は標本にランク付けをするのがあまり好きではない。かつて「世界に一つだけの花」というヒットソングがあったが、生き物の個体も一つ一つ違う形を持っていて、僕にとってはどれも魅力的で、そのことがたくさんの標本を集める原動力にもなっている。「その形を残すことだけに一生懸命になればいい」と思っているわけだ。そう考えると、標本はすべて唯一無二のものである。珍しいものばかり集めるのはほかのところでやってくれればよろしい。こちらは標本集めのプロなんだ。

とはいうものの、この世の中には本当にたった一つだけしか標本が存在しない動物種が結構いる。標本が採集されて、それがこれまでに全く知られていない種であると認識されたとき、僕たち分類学者はその種に名前を付けて、その特徴を記載する。このとき、その「種」の代表的なものとして一つの標本を完模式標本（ホロタイプ）として指定する。標本が一つしかない場合は、それが自動的にホロタイプとなる。

対馬で１９６２年に採集され、１９７０年に新種として記載されたクチバテングコウモリは、ホロタイプのみが知られる種だ。多くの研究者がこ

唯一の標本

のミステリアスなコウモリを求めて対馬で調査をしているが、以来1個体も見つかっていない。後続の調査がされたにもかかわらず見つからない、といったケースでは、ホロタイプが「異常な個体」として片付けられる場合がある。別の種の「かわりもの」に過ぎないという解釈だ。あるいはそうでないとすれば、この最初で最後の個体が採集されてからすでに50年が経過しているので、絶滅したという判断をせざるを得ないだろう。

尖閣諸島の魚釣島（うおつりじま）で1976年に採集され、1991年に記載されたセンカクモグラも、ホロタイプしか標本がない。こちらはクチバテングコウモリとは事情が異なり、お察しのようにその後の調査自体ができていないので、まだいるのかどうかもわからないのが現状だ。実はこの島の自然環境は著しく脅かされている。その原因は、この島に放逐された雌雄各1個体のヤギにある。ヤギは野放しにしておけばどんどん繁殖して、しかも緑を食い尽くしてしまう。やがてこの地域一帯が裸地（らち）となり、モグラが生息できる環境ではなくなってしまう。果たしてまだセンカクモグラは生息しているのか、あるいは唯一の標本で終わってしまうのか……。

　ところで、このセンカクモグラのホロタイプはちょっとおかしな標本だ。記載論文に描かれているスケッチを見ると、右側の下顎の小臼歯（生え替わる奥歯）の形が通常と異なり、2つの咬頭（尖った部分）を持っている。しかもこの個体は歯の数が一般的な日本のモグラよりも片側2本ずつ少なく、その特徴によって記載当初は新しい属に分類されていた。明らかに「異常な個体」である。こういった異常な歯列を持つ個体はたくさんの標本を観察するとまれに見られるものであるが、これが唯一の標本で見つかっているのが驚きだ。もしかしたらセンカクモグラは歯の数や形に著しい変異が存在しているのではなかろうか。なんとか尖閣諸島で調査ができないものだろうか。この標本は九州大学に所蔵されているが、恥ずかしながら僕はまだ観察したことがない。

ペットの標本

March 2014

「命の尊さ」ってのは、生きている動物だけ見ていてもわからないだろう？

ここ数年来、都市緑地でタヌキの生態調査を行っている。東京都の都市中心部には高層ビルが林立し、とても野生哺乳類が棲める環境にないと思われるかもしれないが、実はタヌキやハクビシンといった中型肉食獣がわりと広く生息しているのだ。かつて僕の研究室があった新宿区大久保周辺でも、朝の出勤時に電線の上を並んで渡っていくハクビシンを見たことがある。夏の夕暮れ時に鳥とは違う感じで空を飛ぶものを見たら、それはアブラコウモリという小型のコウモリであろう。また点在する都市緑地では秋から春にかけて芝生に土の盛り上がりを見つけるかもしれない。これはアズマモグラという本州の東部に分布するモグラである。

調査は大学など他の研究機関と共同で行っている。僕は生態学的な研究には素人なので、「何を食べているか」とか「どんな行動をしているのか」といった話題についてはその知識を持った方にお任せするとして、僕はもっぱら都内で得られた死体の収得に励んでいる。緑地で斃死している個体や、路上で交通事故により死亡している個体は意外とあるもので、緑地管理をしている方や清掃事務所に話をして、結構な数の死体を集めてきた。こういった死体集めは学生の頃からやってきたが、都市部でやるとなるとなかなか難しい。目立つゴミはあっという間に回収される。事前に協力を依頼しておくことが重要だ。

おそらく多くの博物館が、このようにして不慮の死を遂げた動物死体を集めて、研究用標本として有効に利用しようと活動している。時にはこういった活動は教育普及活動にも役立てられる。知り合いの博物館人が行っている活動では、小学生から大人まで幅広い年齢層の人たちが、タヌキの解剖実習に来るそうだ。常連の先輩小学生が新顔の後輩大学院生に指導するような一幕もあるとか。タヌキの皮を剥く作業などは、やればやるほど上達するもので、経験がものをいうのである。年齢はあまり関係ない。

ところが最近聞いた別の博物館の話では、同様に高校生から参加できるタヌキの解剖実習を企画したところ、「残酷である」といった批判を受けたのだそうだ。高校生などに解剖を見せるのは、精神衛生上問題があるということらしい。これはちょっと高校生をなめすぎではないかな、と僕は思う。最近では、ほとんどプロ並みの研究をしている高校もたくさんある。僕のところに直接標本観察や解剖の見学を依頼してくる子だっている。彼らの「生き物の体の仕組みを知りたい」という気持ちを、勝手に決めつけた愛情論や倫理感で妨げることこそ、教育上よくないだろう。

死亡したタヌキから考えさせられることはたくさんある。その地域でどれくらい交通事故死しているのか？　どんな年齢の個体が死んでいるのか？　皮膚病などの病気で死亡したものも多々見受けられる。そしてそれが起こらないために何をすべきなのかといったことまで考える機会となればよい。

「命の尊さ」ってのは、生きている動物だけ見ていてもわからないだろう？　死体集めに明け暮れる僕を「変態」と思うのは別にかまわないが、同じような活動を教育に生かそうと努力している人を非難したりするのは勘弁してほしい。

標本を食う

June 2014

このような具合で、僕の研究室は周りを巻き込んで無計画に仕事が進められている。

博物館は展示と研究だけやればいいわけではない。展示や研究を行うための標本があってこその博物館。博物館で一番大切なものは標本である。と、いつも力説する僕である。標本を集めることが大切な仕事の一つであるのは言うまでもない。この標本収集を実現するために、僕は「3つの無」をスローガンに掲げている。

1つ目の無は、「無目的」である。僕はモグラの研究者であるから、自らの研究に役立つものだけ集めていれば、収蔵庫はモグラばかりになってしまう。出来上がるコレクションは、僕は楽しめるものになるかもしれないが、ほかの多くの研究者にとってはあまり利用価値がないものになりそうだ。展示もモグラばかりになってしまっては、やはり僕はとっても楽しいが、多くの来館者は二度と来ることはなくなるだろう。だから自分の研究の目的のために集めるという考えはない。そもそも、必要かどうかなんて考える意味もない。たとえドブネズミの標本であろうが、それがいつ何の役に立つかは誰にもわからない。

2つ目の無は、「無制限」である。標本は、1つだけを見てわかることもあれば、たくさん見なければわからないこともある。どれくらいあればいい

3つの「無」

かというと、あればあるほどいい。いろんな利用の可能性が広がる。展示用の剥製だって、1つだけであれば常設展に展示するくらいしかできないが、複数あれば、それを使って企画展や特別展もできるし、ほかの館に貸出してもっと多くの方に楽しんでもらうこともできる。とはいえ、標本作製には人力もお金もかかる場合があるので、それが制限要因になっているといえばそうなのではあるが。

ここまでの「無」は多くの博物館人たちが唱えていることで、僕はこれにもう一つの「無」を加えている。3つ目の無は、「無計画」である。これだけではいろんな人に怒られそうなので、ちょっと説明させてほしい。まず、哺乳類の標本は集めること自体に制限がかけられやすい。法的な問題や倫理的な問題、もちろんお金の問題もある。そうなると、チャンスを逃さないことがとても大事である。集められるときに集めておかなければ、廃棄処分されてしまうこともあるだろう。だから僕のスケジュールは「標本第一」。

例えば、ある夏の暑い日に動物園で大型の哺乳類が死亡した。獣医師からは解剖が終わり次第、提供可能であるという電話。気温は摂氏35度を超えている。放っておけば腐敗はどんどん進行してしまうだろう。ところがその日は特別展に関する重要な会議があって、普通なら外出できないような状況だ。やむなく僕は展示に関わる人たちに事情を説明し、会議の延期を要望する。周囲は「川田さん、またですか」とあきれながらも、会議を延期して僕を快く動物園へと送り出してくれる。輸送中にはその動物を解剖して調べたいという友人たちに声をかける。すると、彼らにもその日は大切な用事があったりするのだけど、キャンセルして駆けつけてくる。僕のアシスタントたちはそれぞれに担当の仕事を抱えていて、日々計画的に仕事を進めているが、それもこの日は予定変更。僕が死体を引き取りに行っている間に受け入れるための準備をしてくれ、いざ到着すれば解体も手伝ってくれる。僕のせいでみんなの計画が「無」に帰する。

このような具合で、僕の研究室は周りを巻き込んで無計画に仕事が進められている。こう言えば聞こえが悪いが、そもそも哺乳類の標本集めは計画的にはやり得ないという状況があるのだ。

さらばズーレコ

January 2016

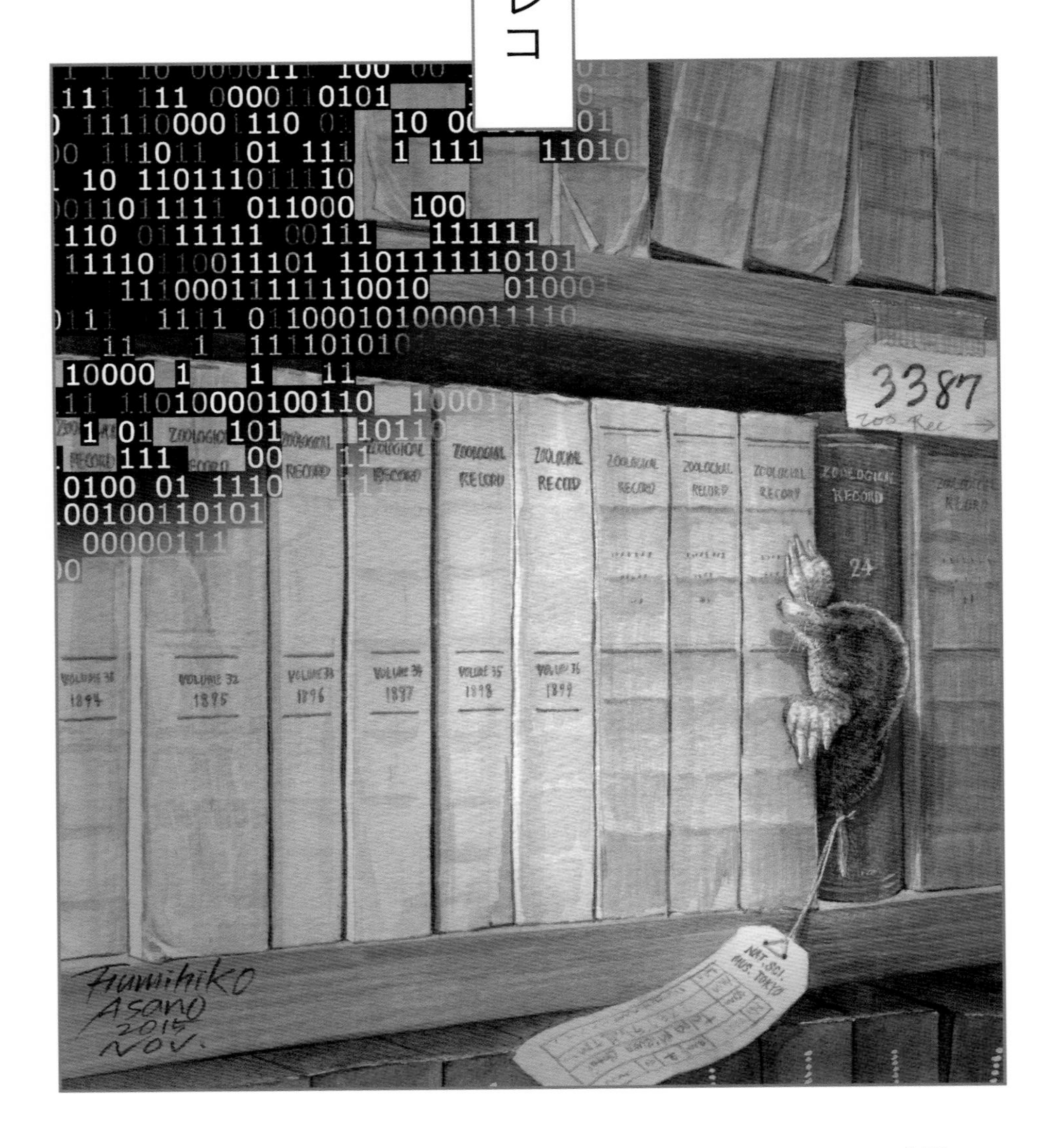

少し前にこういった「高級雑誌」に名前が載りかねない事件が起こった。

年度末の避けて通れぬ儀式の一つに、その年の研究業績をまとめて報告するというものがある。今年度は業績が伸び悩んでいたのであるが、最後の最後、3月に『山階鳥類学雑誌』という雑誌に全35ページという、これまでに僕が書いたなかでは一番長い論文を掲載することができた。内容はアラン・オーストンという人物（296ページ）の伝記的なもので、広く読まれることを期待したいものである。ここ数年にわたって調べてきた成果であり、自信作と言ってしまおう。

　研究者として働いている手前、年間に論文を何本書いたかというのが僕の評価の一つとなる。標本を千作ろうが万作ろうが、あまり周りは評価してくれない。このコラムを毎月「標本」というキーワードで書き続けて、実際に僕の年間業績リストに「標本バカ」が12本ずつ挙げられていることは偉いことと思うのだが、やはり研究者としての評価はイマイチで、なんだか書きながら悲しくなってきた。そこでなんとか成果をひねり出そうと、標本づくしの日々の合間に研究を行っている、というのが正直なところの僕の研究生活である。僕はたくさん標本を集めて調べて、動物に内在する変異を研究するのが好きな人間なのだが、最近は大量に集めすぎて調べるのが億劫になってきているきらいがある。一度登録して袋に詰めた標本を改めて取り出して見てみようという時間的、精神的余裕がどうもない。こうなれば開き直りの境地で、年間1本くらいは自信を持てる論文を執筆しようと努力している。

研究者によっては論文を年間10本書く人もいるし、また書けばなんでもいいというわけではなく、論文の「質」もインパクトファクターという一般の人には馴染みがない数字で評価される。このインパクトファクターというのは、雑誌に対して与えられるもので、その雑誌に掲載された論文がどれくらい別の論文に引用されているか、ということで得点がつくものである。僕などがやっている動物の研究では1を超えればまあまあ立派な雑誌ということになり、2を超えれば大満足。よくニュースになる『ネイチャー』や『サイエンス』だと、この数字が数十というポイントになる。僕には永久に縁のなさそうな雑誌だ。

ところが標本のもつエネルギーは素晴らしいもので、少し前にこういった「高級雑誌」に名前が載りかねない事件が起こった。以前イタリアから来館したモグラ研究者と仲良くなって、日本に生息するヒミズやモグラ数種の骨格標本を貸し出したことがあった。それらの標本を用いて分析した結果がかなりインパクトの高いものに仕上がったそうで、「サイエンス誌に論文を投稿するので共著者になってくれないか」というのである。しかし丁重にお断りした。僕はあくまでも標本を貸し出しただけで、その研究に貢献したわけではない。どんな分析に利用するのかもそれほど詳しく知らなかったし、その後の経過について議論していたわけでもないのだ。そこまで気を遣ってくれなくてもよかろう。僕みたいな欲のない研究者は、『サイエンス』に論文が載るよりもその申し出を断るくらいがかっこいいと考えたりするので、全く後悔もしていない。それよりもこの件を通じて、標本を生かすも殺すも研究者のアイデア次第、見習わねばならぬと感じた。面倒くさがらずに、2016年度はもっと標本を活用するよう頑張ろう。

偽物の標本

September 2017

「ガンマラカントゥスキトデルモガンマルス・ロリカトバイカレンシス」

落語の有名な演目の一つである「寿限無(じゅげむ)」は、我が子に長生きしてほしいという思いで付けた、覚えるにも呼ぶにも大変な名前のことである。僕は完全に暗記していないが、ＮＨＫ Ｅテレの『にほんごであそぼ』を観ていると、この難解な名前を年端(としは)もいかぬ子供たちがすらすらと暗唱していて、とても驚かされる。僕も子供の頃は、やれ「祇園精舎(ぎおんしょうじゃ)の鐘の声」やら「月日は百代の過客にして」といったものを泣く泣く暗唱させられたものだった。きっとみなさんも同じような経験があろうと思う。

それに比べれば動物の名前を覚えるのは楽にも思えるが、こちらはなんせ数が多い。哺乳類だけでも約６０００種もの名前があるから、これを和名・学名と合わせて暗記するとなるとそう簡単なものではない。そこで学生の頃は、40種程度のモグラや日本に生息する動物の１００種くらいは覚えようと自習した。プロの哺乳類学者として仕事をする今は、世界中の哺乳類についてもちゃんと知っていなければと、また自習する。もちろんすべて覚えられるわけはない。途方もなく長い名前は、それだけでハードルが高い。

そもそも、和名自体が付けられていない哺乳類も１５００種くらいある。

長い名前

そこで、現在、僕が中心となって「世界の哺乳類に和名を付けよう」というプロジェクトを行っている。完成したリストを使って調査すると、一番文字数が多い学名は31文字で2種。そのうちの1つはネズミで、*Salinoctomys loschalchalerosorum*という種であった。この和名はチャルチャレーロビスカーチャネズミといい、舌を噛みそうである。和名では19文字が最多で4種いる。和名はグループ名を示す接尾語に特徴を表す接頭語が前へ前へと付加されて成立する場合が多い。例えばマダガスカルに生息するグランディディエリフデオアシナガマウスはアシナガマウスの仲間で、尾が筆のようになっている10種のうち、この地の動物学に貢献したアルフレッド・グランディディエルに献名されたものだ。ちなみに、一番短い学名はかつて紹介したように*la io*という4文字で示されるコウモリ（221ページ）である。和名では「ヒト」をはじめとして2文字のものがたくさんある。

哺乳類に限らず広く動物界を見渡すと、もっと複雑かつ長大な学名が存在する。これまでに付けられた学名で最も長いとされるものは51文字の*Gammaracanthuskytodermogammarus loricatobaicalensis*という甲殻類ヨコエビの仲間なのだそうだ。発音すれば「ガンマラカントゥスキトデルモガンマルス・ロリカトバイカレンシス」となるかと思う。命名者はポーランドのベネディクト・ディボウスキーという人で、こちらの名前はそれほど長くないので覚えられる。彼は1833年生まれとプロフィールにあるので、これを命名した1927年は95歳くらいであったと思われる。この歳でこのような名前を考案して論文を執筆していたというのだから驚きだ。しかし残念ながら、この学名はあまりに長すぎるためか、命名のルール上不適格な名前ということになっているそうな。

息子たちに、「この名前を覚えることができたらお小遣いを1000円あげよう」と提案してみた。するとあっという間に暗唱できるようになり、「寿限無」ほどではないにせよ、子供の記憶力はすごいものだな、と感心した。ところが彼らはまだこの難しい横文字を記すことはできない。それができたら報酬を与えようと思う。

標本オークション

March 2018

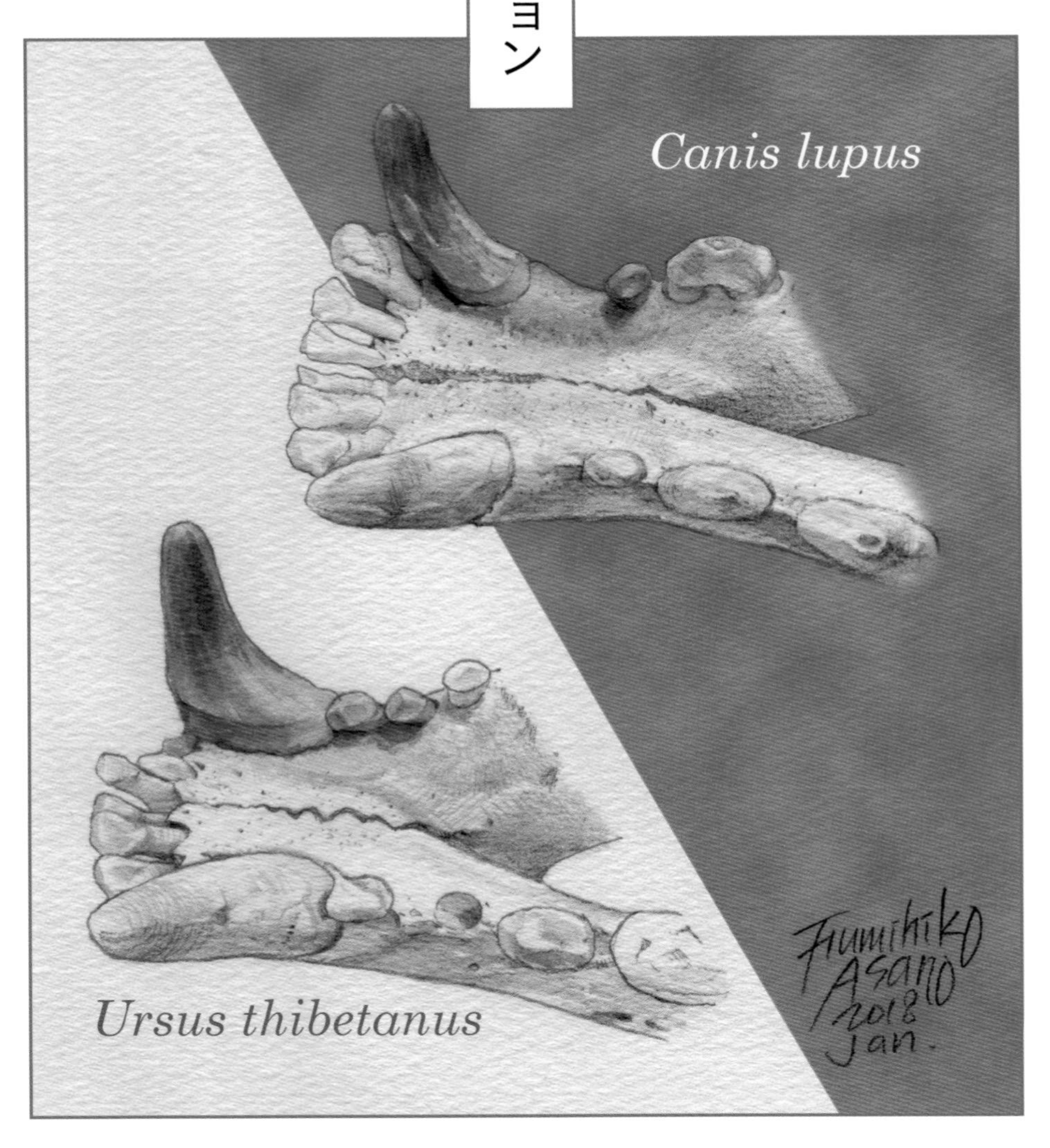

とりあえずオオカミだけでなく、真偽が怪しいものはオークションに出してはいけない。

インターネットでいろいろなものが購入できる便利な世の中だ。少し前だと探すのも難しかった古い洋書なども、国内外の古本屋で簡単に検索でき、また安価に購入できる。標本だけでなく、古い文献収集も大好きな僕にはありがたいことである。一方でオークションサイトなどでは時折様々な標本が競売に出されていて興味深い。かつては珍奇な標本がオークションに出て高額で取引されるようなこともあったのだという。昔はお金持ちくらいしか参加できなかっただろうが、今では誰でも自宅のパソコンから入札できるようになった。そんななかでアンティーク雑貨などとともに出品された標本には、しばしば取引が禁止されている動物種が混ざっていることもあり、困ったものである。

オークションサイトで時々出品されているものに、オオカミの毛皮や剥製がある。種の保存法の下では、ワシントン条約の付属書Ⅰに掲げられる種は売買などが禁止されている。オオカミは付属書Ⅱのほうなのだが、一部の地域個体群では絶滅の恐れがあることから付属書Ⅰに掲載されており、この理由によって、規制対象になるようだ。難しいのは、オオカミを家畜化したイヌは同種でありながら対象外であること。イヌは1万年以上の品種改良の歴史がある家畜であるため、大きさ、毛皮の色、品種も、オオカミに似たハスキーから似ても似つかないチワワまで、極めて多様である。オオカミはその変異の一部といっても過言ではなく、毛皮だけを見てもオオカミかイヌかの判断は難しい。毛皮を切り取ってＤＮＡでも調べればわかるのかもしれないが、僕にはそこまでできない。オオカミの毛皮の鑑定依頼を受けたときは、「専門家のくせに」と思われるのを覚悟で、「わかりません」と回答する。

また、オオカミは頭骨の一部もよくオークションに出されるようだ。こちらは場合によっては鑑定可能である。日本では古くから、オオカミの下顎の先端を切り取って穴あけし、紐を通して根付（ねつけ）としてお守りにする習慣があった。依頼を受けた品を見ると、立派な犬歯の後ろに並ぶ3つの小臼歯は同サイズの小さな疣状（いぼじょう）の歯である。これは明らかにクマ科のもので、イヌ科のものではない。イヌ科では第二・第三小臼歯は前後方向に長い歯であり、骨などを齧るときに機能を発揮する。第一小臼歯が犬歯のすぐ後ろに生えるのも、クマ科の特徴である。こういった案件は1件だけでなく数件あったので、いかにクマの骨がオオカミと偽ってオークションに出されているのか、半ばあきれた。もっとも、これもオオカミかイヌかという問題になると、完全な頭骨でなければ判定できない。

本を正せば、オオカミが種の保存法による規制を受けること自体に問題があるように思えてならない。それなら同じように一部の地域集団がワシントン条約の付属書Iに掲載されているツキノワグマはどうなるのだろう。この種は国内でたくさん駆除捕獲されており、またその肉は地方の食堂では食材として利用されている。僕は石川県の白山で「熊丼」を食べたことがあるが、とても美味であった。日本では北海道に生息するヒグマもヒマラヤ地方の個体群は付属書Iである。オオカミの場合と状況は変わらないが、ちゃんと肉や毛皮が流通している。どうやら種の保存法はかなりちぐはぐしたものらしい。とりあえずオオカミだけでなく、真偽が怪しいものはオークションに出してはいけない。そして入札もしないほうがよかろう。

普通種の珍品

January 2019

驚く方もいるかと思うが、
雌のイタチは雄の半分以下のサイズしかない。

希少な野生動物の標本でも集めやすいものもあれば、逆に普通種だけどなかなか集めるのが難しいものもある。ここ数年でこれを最も実感したのが、ウサギ類だ。奄美大島と徳之島に生息するアマミノクロウサギは、言わずと知れた希少種で、かつては標本が世界に100点もなかった。数年前から奄美大島の自然保護センターの協力のもと、僕のところで斃死個体の標本化を開始して、現在では300点を超える標本が当館に収蔵されている。気がつけば、日本に広く分布するノウサギの標本数を超えるコレクションとなっていた。

やはり希少種の死体を見つけたら、「しかるべきところに届けなければ」という感情が湧くのだろうと思う。多くの人がこれを認知して協力すれば、たとえ珍しい動物でもたくさんの個体を集めることができるし、消えゆく野生の姿を標本の形で残すことが可能であるとわかった。一方で、普通種であるノウサギの死体はそのまま処分されることが多く、逆に蒐集するのがなかなか難しい。

最近、南大東島からニホンイタチの死体を3点いただいた。これは九州から本州にかけて広く生息する種で、南大東島では1960年代にネズミ類の

普通種の珍品

駆除のために導入され、増加している。いわゆる国内外来種というやつだ。ニホンイタチの標本はかなりの数があるのだが、この島の標本はなかった。そこで、数年前にこの島を訪問したときに知り合った方に、もし交通事故の死体があったら冷凍保管しておいてほしいと頼んでおいたのだ。3点のなかには、雌個体が1点含まれていた。なんとこれ、普通種の珍品とされるものである。僕は嬉しくなった。

当館に所蔵されているニホンイタチの標本約400点のうち、雌は30点しかない。これは、この種の雌が謎に包まれた生活をしていることに起因する。イタチは比較的頻繁に交通事故にあうが、そのうち9割は雄である。イタチの研究者が捕獲のために罠を仕掛けても、雌が捕れることは極めてまれだ。どうやら雄と雌で行動パターンが異なっていることが想像される。僕は過去に雌のイタチを捕獲したことが2回あって、いずれもモグラを捕獲しようと地中に仕掛けた罠にかかったものだった。驚く方もいるかと思うが、雌のイタチは雄の半分以下のサイズしかない。雌雄で形態が異なることを性的二型というが、その最たるものである。雌のイタチはモグラのトンネルのような環境も利用できるよう、小型化する方向に進化したのではなかろうか。そしてそこで、安全な穴ぐら生活をしているのではないか、というのが僕の仮説である。同様に小型化を成し遂げたイタチ科に、北海道と東北地方の北部にのみ分布するイイズナという種があるが、これもモグラやネズミの穴に仕掛けた罠で何度か捕獲した。

いただいた死体は毛皮の状態が非常によい。交通事故死体なので、右足の付け根の皮が少し破れていたが、そこから丁寧に剥皮して仮剥製標本を作った。残りの雄2個体も同様に処理して、数日前に同じく交通事故死体として届けられた福島県産のニホンイタチと並べて乾燥させたところ、どうやら南大東島の個体は毛色がかなり濃いようだ。普通種といえども産地が異なれば、そこに新たな発見をすることがある。このように博物館のコレクションを充実させることは、それだけ今後の研究への利用可能性を広げることに繋がるのである。

生け捕りと捕殺

February 2019

「捕殺罠は残酷である。生け捕り罠は人道的である」。
そういうものかな、と思った。

最近はすっかりフィールド調査に出る機会が少なくなった。標本材料はこの世にほぼ無限といえるほど存在しており、自分で捕まえなくても、どこかで誰かがなんらかの手段によって得た動物の亡骸は常にある。そしてその一部が僕のところに届けられる。これで十分、博物館の標本は充実する。モグラやネズミの捕獲許可も、今年度はこの時期になるまで取得すらしていなかったのだが、ある生物相調査の関係で申請することになった。博物館の調査では捕獲した動物は標本として保管される。標本は、現時点でこの場所にその生き物が生きていたという動かぬ証拠だ。それが目的なので、ネズミやモグラ類は捕殺罠を使用して捕獲し、形態学的調査を行ったあと、すべて標本として博物館に保管する旨を申請書に書いた。

ところがここで待ったがかかった。捕獲に使用する罠は生け捕り用のものがふさわしく、捕獲した個体は適切な致死処理（いわゆる安楽死というやつだ）を行うように、とのことである。少々驚いたがこういうことだろう。「捕殺罠は残酷である。生け捕り罠は人道的である」。そういうものかな、と思った。「生け捕り」という言葉は聞こえはよいが、実はとっても残酷である。生

生け捕りと捕殺

け捕りには箱やカゴの閉じ込め型の罠を使用するが、運悪く入ったネズミは閉鎖環境の中で一夜を過ごすこととなる。長時間のフライトで狭い座席に押し込められた経験がある人なら、どれくらいのストレスがあるか多少は推し量ることができるかもしれない。しかもこの罠には、会話する相手も、素敵なキャビンアテンダントも、食事の提供もない。ファーストクラスの素晴らしい罠が開発されれば別なのだろうが。

一方で捕殺罠は、おいしそうな餌に飛びついた瞬間、おそらくそれまでの一生が走馬灯のように駆け巡る間もなく死に至る。標本にする、すなわち殺すことが前提にあるのだから、できるだけ肉体的・精神的苦痛を伴わないようにするのが、本来の人道的な処置というものだ。日本哺乳類学会が公表している標本の取り扱いに関するガイドラインにも、捕殺罠は推奨される捕獲器具であることが明記されている。このように説明したところ、捕獲許可が下りた。

どうも「安楽死」という言葉がよくない。安らかで楽な死に方なんてあるのだろうか。かの大英自然史博物館の哺乳類研究者、オールドフィールド・トーマスは限りない哺乳類を収集して、2000以上の新種記載を行った哺乳類学史上のスーパーマンだ。だが彼は妻が亡くなった翌年、失意のうちに自殺した。彼は「安楽死協会」と和訳される団体の会員だったというが、彼が選んだ自殺の方法は拳銃で自らを撃ち抜くというものだった。それも博物館の研究室で、である。自身の最も愛する標本に囲まれて、最も苦しまない方法で命を絶った彼の行為は、まさしく安楽であったかもしれない。

罠にもいろいろあるが、最悪だなと思うのはネズミの捕獲にも使用される粘着テープの罠で、一応生け捕り用のものだが、餌に引き寄せられたら最後、身動きが取れずに腹を空かせて死に至る。これを使って捕獲したネズミの死体をもらうことがあるのだが、粘着物をはがすのは困難で、出来上がった標本も美しくない。僕が使用するパンチュートラップは、「パン」とはじけて「チュー」と瞬時に捕殺する。冗談のような名前だが捕獲効率もよく、小哺乳類を調査するには最適の道具である。捕獲したものはドブネズミだろうがなんだろうがきれいに標本にしてやろう。

タイマイの剥製

May 2019

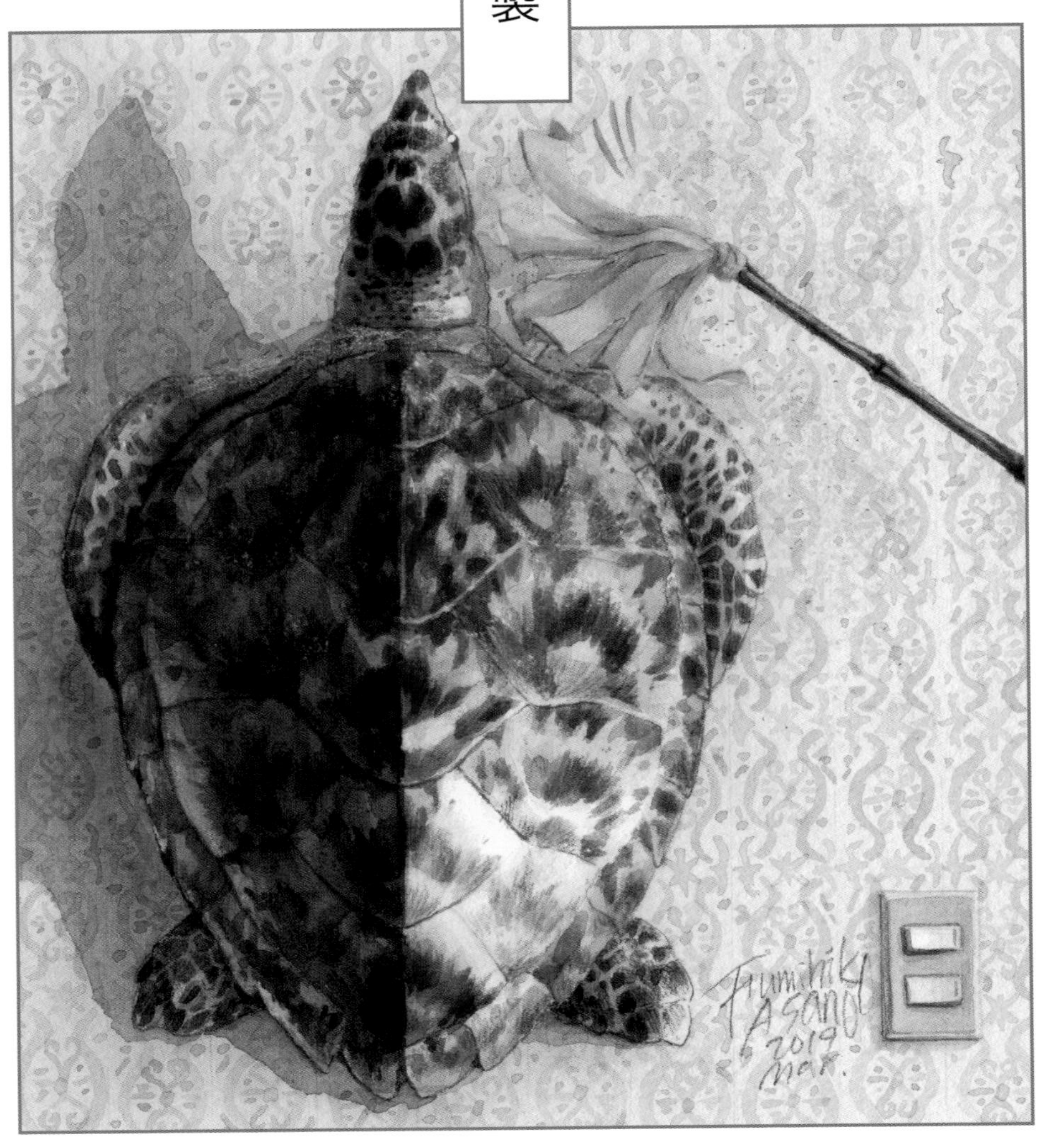

無価値なものに価値を見いだす。博物館は常に未来を見据えている。

爬虫類の標本収集も僕の担当で、時には浜に漂着したウミガメの死体を回収し、標本を作ることもある。とはいえ、そもそもカメ類の標本はそれほど多くない。ただ、そのなかで着々と増え続けているのが、ウミガメの一種であるタイマイの本剥製標本だ。

哺乳類の本剥製標本については、皮の処理や体の芯の作製といった複雑な工程が関わり、時間もお金もかかるのでそれほど増えるものではないが、ウミガメの剥製はかつて広く流通していた経緯があって、今でも古道具屋などの壁にかかって売られていることがある。思い起こせば僕が子供の頃にも居間の壁にウミガメがかかっていた。あれは今どうなってしまったのだろうか？　おそらく捨てられてしまっただろう。剥製はかつて一般家庭にも普通に飾られていたもので、床の間に徳利を持ったタヌキだとか、古木に留まったキジなどが置かれているのは珍しくもない光景だった。ところが今ではこういった動物インテリアは忌避される傾向が強い。うちに動物の剥製があるなんて気持ち悪いといって、古い剥製は捨てられてしまうことも多いようだ。博物館でこういったものを収集していると知れば、持ち込む方もおられる。こうして、いつどこで得られたのかも

タイマイの剥製

わからないウミガメの剥製が、どんどん収蔵庫に蓄積されていった。タイマイはかつて人気商品だったらしく、この国にはこんなにたくさんのタイマイがいたのか、と驚かされる。

そんなものをもらってどうするのか、という批判については、僕には全く効果がない。残しておけばいつか役に立つかもしれない。ただそれだけである。タイマイはワシントン条約の付属書Ⅰに掲載される種で、かつてベッコウを採取するために乱獲された結果、希少となってしまった野生動物である。一般に標本は採集した場所や日付の情報がなければ価値がない、といわれるのだが、そんなこともないと思う。昔なら無価値であった標本も研究材料として利用可能になってきている。その代表的なものがDNA解析技術で、かつては新鮮な生物の一部がなければ困難だったが、今は乾燥した剥製や骨からでも分析可能なのだという。あと何十年か経てば、標本に光を照射しただけでDNAの塩基配列がずらずらと表示されるような時代が、もしかしたら来るかもしれない。

安定同位体という、ちょっと変わった元素がどれくらいその中に含まれているかを調べることで、その標本個体が死んだ時期や、生きていたときの環境まで明らかにしようとする研究もある。カメは長命な動物であるし、その甲羅は年を経て成長していくものなので、長年の環境に含まれる物質が蓄積されている。こういった研究にもいずれ利用可能性が見いだせるのではないか。そんなことを夢想しながら、ただひたすらカメの剥製をバカのように受け入れ続ける。無価値なものに価値を見いだす。博物館は常に未来を見据えている。

せっかくだから僕自身でも少し研究に使ってみたいという思いもあるが、忙しさを理由に何もできていない。カメの甲羅は背骨と肋骨にあたるものと、周囲の枠を作る骨でできているのだが、これがなかなか面白い成長の仕方である。剥製のカメは大小様々なので、X線撮影するだけで成長のデータが集まりそうだ。どこかに興味を持つ学生はいないものか。

最終兵器

July 2019

これはなんて便利な試薬だろうか。
標本作製に超便利な代物ではないか。

3月から始まったテレビ朝日系の『騎士竜戦隊リュウソウジャー』（※2020年3月放送終了）は恐竜モチーフの戦隊もので、息子たちと一緒に欠かさず拝見している。川田家の日曜日の朝食後の楽しいひとときである。子供たちと戦隊ものについて語っていて、僕が子供の頃は『秘密戦隊ゴレンジャー』が放送されていたこと、敵を倒す最後の必殺技が大変ユニークで面白かったことなどを話したら、興味を示してきた。そこでDVDをレンタルして観たところ、これが子供たちに大好評。戦隊ものに必須のユーモアが満載で、今観ても面白いものだった。ところが順を追ってよく観ると、当時は知りようもなかった重要な要素に気づいたのである。

ゴレンジャーの敵「黒十字軍」は、戦隊ヒーローものでは初代といえる悪の組織である。打倒ゴレンジャー、そして世界征服のために様々な手段を講じ、また新兵器を開発する。彼らの化学班は大変優秀な頭脳を持ち合わせているらしい。その彼らの将軍「ゴールデン仮面」の指導の下に開発された、おそらく生物兵器と思われるものに「細菌ガスZ」と称するものがある。これはすごい。噴出されたガスにさらされた人はあっという間に白骨化してしまうのだ。恐ろしい兵器である。一方で、これはなんて便利な試薬だろうかと思った。標本作製に超便利な代物ではないか。

骨格標本を作製していてしばしば困ることがある。通常は70度のお湯で3週間程度処理すれば、およその軟組織は完全に分解されて骨だけが残るのだが、時々そうはいかないことがある。こういったケースでは処理の過程でホルマリンが付着したものと思われる。ホルマリンで一度固定されてしまうと、皮膚や肉などの部分はそう簡単に分解されない。ひたすら水につけても腐らない。ホルマリンは大変優秀な保存液なのである。収蔵庫にはかつてホルマリン液浸標本だったもので、瓶が割れるなどして乾燥したものもいくつかある。こういったものからせめて頭骨だけでも救出しようと思うのだが、なかなか処理が難しい。

実はこういう場合のための秘密兵器がある。それは、ご家庭でもおなじみのキッチンハイターだ。みなさんはこれをかなり薄めて使用するだろうと思うが、僕は2～3倍希釈程度の液を作り、どうにもならなかった骨付き肉をその中につける。するとカチカチに固定された肉がどんどん溶解し、最終的に骨が残るのだ。ただ注意が必要で、やりすぎると骨の一部を溶かしてしまう。小型の骨なら入れ歯洗浄剤を使用するのもよい。この場合は入れ歯をきれいにするときより数倍の濃度で使用するのがポイントである。

とはいえ、こうした手段で処理した頭骨標本は一部未分解の軟組織が残ってしまい、あまり美しいとは言えない。骨が溶けない程度に処理しなくてはならないので、微妙な頃合いを見計らうのが難しいのだ。「細菌ガスZ」は映像で確認する限り、肉だけでなく衣類まで溶かし、襲われた人は脂分も抜けた真っ白な骨と化していた。ホルマリン固定した標本にも効果はあるのだろうか。一度黒十字軍に相談したいところだ。でも「細菌」と名が付くものだから、そもそも腐りもしないものだとちょっと無理かな。

ハリネズミとモグラ

February 2020

第五章 偉大なる標本バカたち

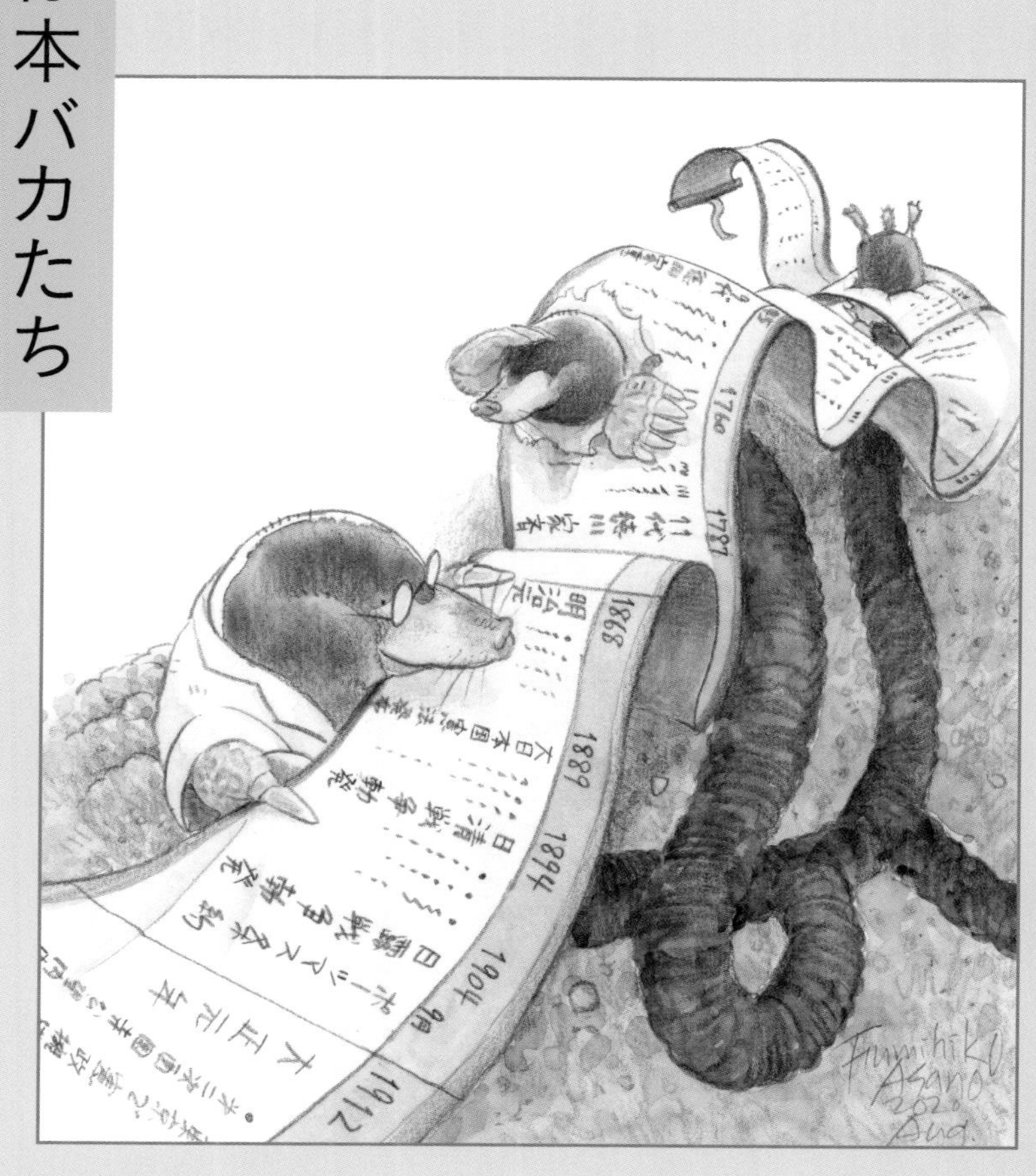

モグラの標本を集める

August 2012

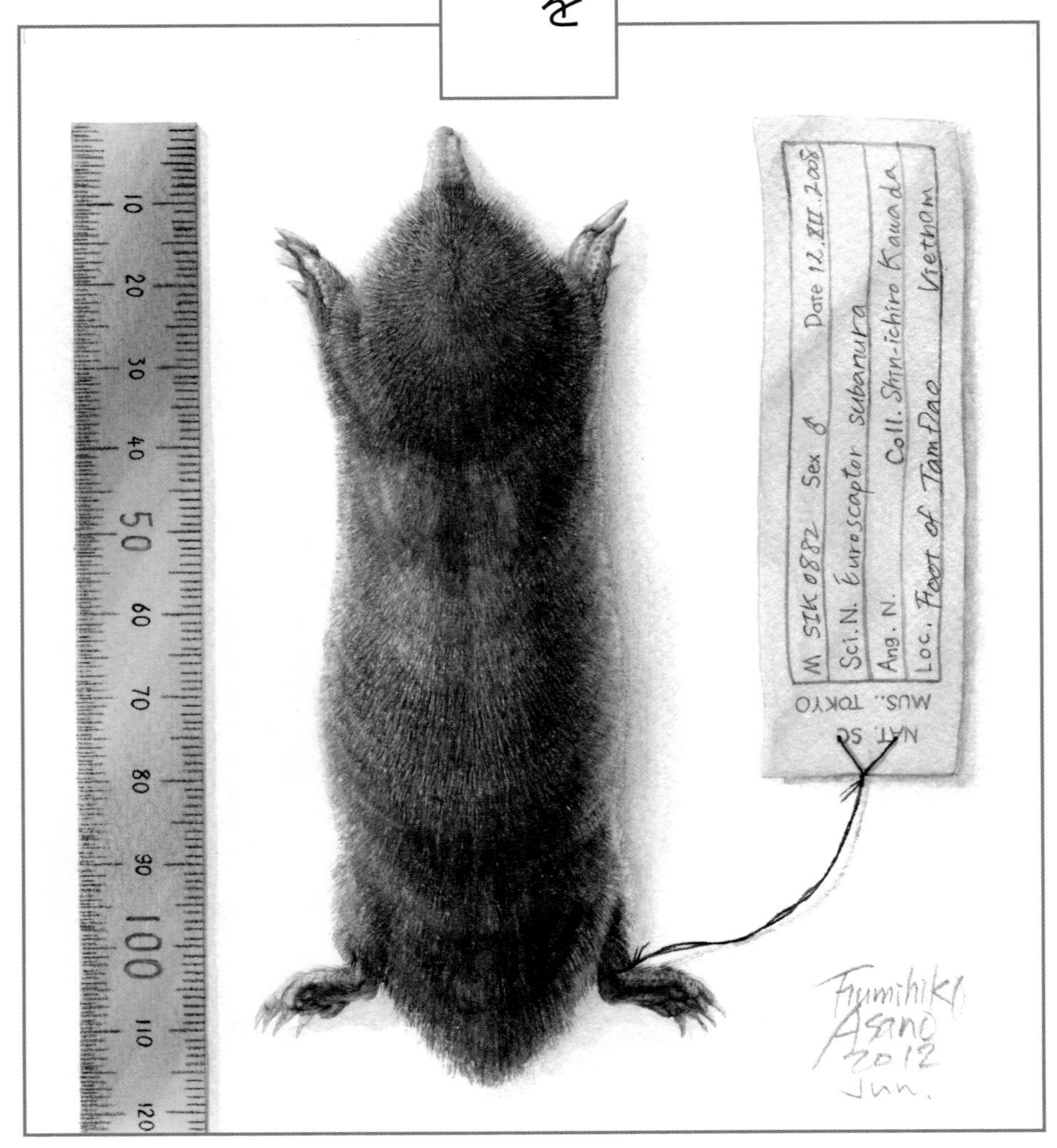

これが、アジアのモグラ研究の始まりとなった。

日本を代表する我らが国立科学博物館には、約4万点の哺乳類標本がある。ところがアメリカ・イギリス・ロシアといった国の大博物館では、その数倍から十数倍という恐ろしい数のコレクションが存在する。これらは特に19世紀後半から20世紀前半にかけて世界中から集められたものが占めている。この時代、世界各地のあらゆる動物標本を収集しようという動きがいくつかの国で同時多発的に起こった。その蓄積が現在もちゃんと残されているのである。博物館の研究者は各国に採集人を送り込み、大規模な採集調査旅行を成し遂げてきた。

採集人によって捕獲され、標本にされた動物たちは、本国へ送られて博物館資料として大切に保管された。その過程で博物館の研究者によって調べられて、それが世界にまだ知られていないものとわかると、新種として名前が付けられて、その特徴が記録されたのである。僕が今調べているアジア地域のモグラたちについても、この時代にほとんどの種が発見されて、名前を付けられている。

この時代の哺乳類研究者の多くは、このように現地から送られてきた資料を収蔵施設で調査する、いわゆる「キャビネット研究者」と呼ばれる人

モグラの標本を集める

たちであったらしい。自分で捕まえて調べて標本として残すまでをすべて一人で完結する人は少なかったようだ。そのなかにあって、アジアで最初にモグラを調査してヨーロッパに紹介したブライアン・H・ホジソンは僕が大好きな採集者兼研究者、つまり「フィールド研究者」である。彼は1801年2月1日にイギリスで生まれ、領事館員として生涯の大半をネパールで過ごし、そこで得られた様々な生物や民俗資料を収集・研究した。

彼が収集したネパールの動物には、イギリスでも見たことのあるずんぐりむっくりの、手が大きく、しかも土の中にもぐる習性を持った動物が含まれていたことだろう。そしてそれを十分に調べてみると、ヨーロッパに生息するモグラと似ていながらも、尾がとても短いなど異なる形態を持っていることに気づき、これに「尾が短いモグラ」という名前を付けてヨーロッパに紹介した。これが、アジアのモグラ研究の始まりとなった。

その後もヨーロッパを舞台にアジアの動物たちは次々と研究されていったが、その研究者のほとんどは、やはり彼らが送り込んだ採集人によって得られた資料を使って研究するというスタイルであった。そしてここからは僕の想像だが、採集人たちもモグラ捕りに関してはあまり上手ではなかったのではないだろうか。なにしろこの時代の採集人はとんでもない数の動物の皮や骨をアジア地域から持ち帰っており、そのなかにはネズミのような小動物ももちろん含まれていたが、ことモグラだけは世界の大博物館にもそれほど多くの標本が残されていないのである。

僕はアジアのモグラを調べるために、時にアメリカやヨーロッパの博物館を訪問することもあるのだが、それほどの数の標本がないことにがっかりすることも多い。こうなったら自分の足で各国を訪問してモグラを捕まえていくしかない。幸いにも僕のモグラ捕りの技はかなり洗練されたもので、毎回の調査で成果は上々である。ホジソンのように現地での調査から研究までを自分の力で実現していくのが僕の理想である。なにしろ僕の誕生日は彼と同じ、2月1日なのだ。

ロスチャイルドの博物館

February 2013

これがヴンダーカンマーというやつだな。
とても国立科学博物館の展示など敵うものではない。

イギリスを訪れるのは二度目である。世界一の自然史博物館とも称される大英自然史博物館で、標本や文献を調査するためにやってきた。最近はモグラの研究だけでなく、明治から昭和初期にかけて日本の哺乳類学がどのように発展してきたのか、という歴史的な内容も調べているのだが、何を隠そう大英自然史博物館にはその時代の日本産標本が大量に保管されているのだ。明治時代、まだ日本に哺乳類学が誕生する前、海外から多くのナチュラリストが来訪し、動物を採集して自国へと持ち帰った。その標本は今でもちゃんとあちらの博物館に残されていて、それらに付帯した標本ラベルから、捕獲した場所や人の情報を得ることができる。どういう人が欧米の訪問者から動物採集や標本作製の技を学んだのかにも非常に興味がある。

今回の訪問では、もう一か所、ぜひ訪れたい場所があった。大英自然史博物館のあるロンドンから電車で40分ほど北西に移動した場所にトリングという町があり、そこに所在するロスチャイルド動物学博物館がその目的地。ここ5年くらい、次にロンドンに行く機会があればぜひ立ち寄りたいと切望していた。

ロスチャイルドとはイギリスの有名

ロスチャイルドの博物館

な財閥の名前で、この2代目当主であるウォルター氏は子供の頃から生き物が大好きで仕事そっちのけで鳥や昆虫の研究に明け暮れていたという。そして世界各地に採集人を派遣して、数十万点の鳥類標本をはじめとするコレクションを築いた。まさにお金持ちならではのエピソードである。そんな彼が21歳の誕生日に父からプレゼントされたのが、このトリングの土地と彼だけの博物館だった。現在では大英自然史博物館の鳥類部門として利用されているのだが、展示室は当時の様子を残しており、部屋中を様々な剥製や骨格が埋め尽くしている。

開館前、レンガ造りの美しい建物の前にはたくさんの家族連れが列を作っていた。博物館の展示室に入ると、出迎えてくれたのは古めかしいケースに所狭しと並べられたクマやネコの仲間の剥製である。その奥にはサル。壁に埋め込まれたケースには鳥類の剥製がびっしり。天井が高い2階の部屋には、ゾウ・キリン・サイといった大型獣が並び、さらに天井からは大型魚類の剥製が吊るされていた。それ以外の小さな魚や貝類などは壁のケースを埋めている。爬虫類や両生類は3階。そしてここには哺乳類の剥製が分類順に配置されていて、イヌの様々な品種まで収められている。ウォルター氏があらゆる動物を集めようとしていた名残が見てとれる。まさに、史上最強の標本バカというにふさわしい。

これがヴンダーカンマー[*1]というやつだな。とても国立科学博物館の展示など敵うものではない。ロンドンの大英自然史博物館の展示と比べても、世界中の哺乳類や鳥類を見るにはこちらのほうが揃っている印象だ。しかも剥製の質も上である。

僕がこの博物館に興味を持ったきっかけは、ウォルター氏が日本からも自然史標本を相当数購入していることを知ったからだ。彼は日本のオーストンという英国人商人にコンタクトして、標本を購入していた。そしてオーストンに指示して、日本人の採集人を未開のアジア地域へ送っていたらしい。このあたりの史実は謎に包まれているのだが、今回の調査で日本からウォルターに送られた手紙が一揃い保管されていることもわかった。この国の博物学の伝統たるや、標本のみならず関わる資料の保管まで行き届いている事実にただただ驚愕させられる。

＊1 ヴンダーカンマー……ドイツ語で「驚異の部屋」。15〜18世紀のヨーロッパで流行った、世界の珍品を集めて飾った部屋のことで、後の博物館の原型といわれる。

アラン・オーストンへの郷愁

December 2015

「オーストン商会」は
いわば博物館のようなものであり、
彼は僕が崇拝する標本バカの一人だ。

２０１５年11月はアラン・オーストンが横浜で亡くなってちょうど１００年にあたる。彼はこの地で貿易商として50年弱を過ごし、その間に日本や周辺の西太平洋地域から膨大な数の動物標本を収集した。標本は国内の研究機関に提供されたり、欧米の博物館に販売・譲渡され、開国後に国内外の研究者により行われた日本の動物相研究に大きく貢献した。以前書いたロスチャイルド（２９２ページ）も彼の標本を購入していた一人である。本業は機械関係の輸入や日本の物産の輸出であったというから、動物学においてはあくまでもアマチュアナチュラリストとしての活動を貫き、研究とは無縁だったらしい。学名に彼の名を残す動物が哺乳類・鳥類・魚類といった目立つ脊椎動物だけでなく、アリやウニといったものにまで及んでいるのは、多分類群にわたる研究者が標本を彼に頼っていたことの表れだろう。彼の店「オーストン商会」はいわば博物館のようなものであり、彼は僕が崇拝する標本バカの一人だ。

僕はここ数年オーストンの足跡をたどるべく、彼が関わった動物学の論文や各地の研究機関に残された書簡を調査している。そしてこの度、英国のスコットランドにあるセント・アンド

アラン・オーストンへの郷愁

ルーズ大学を訪れた。この大学で教鞭をとったダーシー・トムソンという著名な博物学者へ送った手紙を読むのが目的である。100年以上前の便箋が現在も良好な状態で図書館のアーカイブに保管されていて、それに触れて匂いまで嗅げるのは博物学の歴史を体感できる貴重な時間である。便箋には丁寧な筆記体で文がつづられている。オーストン特有の文字の癖もだいたい覚えてしまった。

このトムソンという学者はむしろ進化発生学の分野で有名だが、彼が日本に来ていた事実はあまり知られていない。彼は造船・捕鯨の街ダンディーにあるセント・アンドルーズ大学の付属カレッジ（後に独立して現在はダンディー大学）で若くして教授となり、水産学においても多くの業績を成した。その一つとして、ベーリング海へ鰭脚類の生息調査に赴いた折に横浜や函館へ滞在したようだ。時は1897年。彼の伝記に横浜で標本商を訪問したという記述があったことからオーストンとの関わりに気づき、その真相を知るためにはるばるスコットランドまでやってきたわけである。予想通り、オーストンがトムソンの滞在先のホテルに残したメモ書きまで保管されていた。そのときに収集された標本も大学に残されていることが確認できた。

今から100年以上前に日本で収集された標本がこういった人々の関与で現在でも海外の研究機関に保管されており、またそれにまつわる文書も残されているということにロマンを感じる。オーストンは何を求めて日本にやってきたのか、またどのように横浜で生活していたのだろうか。こういった詳しいことはまだほとんどわかっていない。オーストンは日本人に標本作製の技術を伝えた人物の一人でもある。彼は多くの採集人を雇用して、日本各地はもとより、ミクロネシア・台湾・中国といった場所でも標本収集に努めた。これらの採集人についても不明な人物が多く、興味は尽きない。

標本に携わる一人として、彼の活動を追い続けて再評価することはライフワークとなりそうだ。オーストンの命日の11月30日には彼への郷愁に浸りながら、ウイスキーのグラスでも傾けようか。

登録バカ

April 2016

100年後に僕や研究室のメンバーの筆跡に興味を持つ人がいない、とどうして言えようか。

大量の個人的な標本コレクションが寄贈されることがしばしばある。僕も学生の頃は採集したモグラを個人的なコレクションとして番号を付けて管理していたが、昔の人はよくものを集めたもので、数千点のコレクションを持つ人も少なくない。こうした寄贈を受けた際には、速やかに当館のコレクションとして登録して、利用しやすいものにするのが我々の務めである。ところが最近、数百点と見積もられるいくつかのコレクションが未登録の状態になっていることが判明した。これは博物館の人間として恥ずべきことで、早急に整理を進めなければならない。

目下ひたすらこの登録作業を進めている。「番号を付ければいいだけじゃん」と思うかもしれないが、実はこの作業がわりと大変なのだ。

通常、標本の登録は標本を作製する、番号を付けてラベルと台帳に筆記登録する、標本室に収めて収蔵場所を記録する、データベースに登録するという4つのプロセスを経て完了する。最初の「作製」に関しては今回はパスできるわけだが、なにしろ数が多いのでそのあとのプロセスも大変である。一度に複数の個体をまとめて登録したいと、ひたすら小さなラベルに細かい字で情報を記入するが、これだけで結構手が

登録バカ

疲れてくる。そして同じ内容を標本台帳にも記入していかなくてはならない。最近は文章をパソコンのワープロ機能で書くようになったので、文字を書くということ自体が少なくなった。標本ラベルもプリンターで印刷して作成する人もいるが、僕は手書きのラベルに愛着がある。博物館に保管されている古い標本には、会うことのかなわなかった先人たちによるラベルが付いている。100年くらい前に書かれた手書きの文字を見ていると、「これは一体どういう人が記したものなのだろう」と筆跡の主が気になるものである。100年後に僕や研究室のメンバーの筆跡に興味を持つ人がいない、とどうして言えようか。なんでもデジタル化された時代だからこそ、手書きラベルは「味」があっていい。

昨年度まで、僕の研究室には下稲葉さやかさんという標本登録専門のアシスタントがいた。彼女の仕事は極めて正確かつ効率的かつ集中的で、一日中この仕事を続けてくれた。おかげで次々と作製される標本の新規登録が円滑に進み、標本庫に埋もれていたデータベース未入力標本の整理もなされて、国立科学博物館のウェブサイトから閲覧できる標本資料データベースへの登録数が毎年数千のレベルで増加した。

彼女はまさに「標本登録バカ」である。おかげで僕は標本作製に専念することができ、「標本作製バカ」としての能力を発揮することができた。博物館での仕事にもそれぞれの能力に合わせた分担作業が重要である。

だがしかし、彼女は今年度からめでたく某県立博物館に正規職員として採用され、今は新天地で存分に能力を発揮中である。ここはしばらく手にしていなかったペンを握りしめて、僕自身の力でなんとかするほかなかろう。

ターゲットは一つの瓶に入った大量のカエルたち。採集地と日付は全く同じなので、番号だけが異なるラベルを数十枚の単位で量産していく。100を超える数ともなるとさすがにギブアップして、新しくやってきたアシスタントに家で内職して書いてもらった。記入されたラベルに糸を通して、それを一個体ずつ肢に括り付けて、エタノールの瓶に入れていく。カエルはラベルよりも小さいので、50点くらいが入った標本瓶はまるで標本ラベルの液浸標本のようになってしまった。

大英自然史博物館

May 2017

標本には、それに付随するストーリーがあればなお魅力的なものとなる。

僕が標本を語る文脈において重視していることは、もちろん様々な動物種の特徴を正確に記すのも一つだが、加えて、その標本の背景にある歴史的ストーリーまでを描くことである。例えば、「国立科学博物館には、21世紀初期に活躍したモグラ研究者、川田伸一郎がアメリカ合衆国ミシガン州で採集したホシバナモグラという奇妙なモグラの標本があるが、これは2001年9月に同国で勃発した同時多発テロの前日に入国した川田が、そのような事件も知らず呑気にトラッピングして捕まえたものである」といった具合である。標本には採集地や採集年月日といった採集情報が不可欠のものであるが、それに付随するストーリーがあればなお魅力的なものとなる。

博物館の歴史が長ければ長いほど、標本数も多くなるし、それにまつわる物語も多くなるのは至極当然。世界に名だたる大博物館の一つ、大英自然史博物館ともなればその歴史は250年以上にもなるから、人の世代にして10世代弱の人物が関わってきた計算になる。膨大なコレクションは哺乳類だけで50万点以上はあると見積もられるので、国立科学博物館の10倍である。僕はこの巨大博物館に何度か足を運び、標本やそれにまつわる歴史資料を調査してきた。標本は世界中から集められており、まさに世界の自然の一部がここに集約、保存されているといってよいものだ。残念ながら滞在費が結構かかるため、これまでに僕が調べた標本はモグラの仲間だけ。この博物館の素晴らしさを知るには何度でも訪問したいし、キャビネットが立ち並んだ収蔵庫にいるだけで研究テーマが次々と浮かんできそうな、そんな空間である。

標本の数ということだけで考えたら、世界的に誇れるものは日本にもある。例えば、僕がこれまでに集めてきたニホンカモシカの頭骨1万点以上のコレクションは、ここ国立科学博物館にしかない。ところが種の存在に関する歴史的証拠である「タイプ標本」の数となると、さすがに敵わない。僕が訪問したのは、アジアのモグラが続々と新種記載された19世紀に、インドやネパールにいたブライアン・ホジソンや、中国・台湾に滞在したロバート・スウィンホーといった「アジアモグラ学の父」とも呼べる人たちが収集・記載したタイプ標本をはじめとするコレクションを調査するためだった。それらは種の特徴を現在に残しているだけでなく、当時の標本作製技術までを伝えてくれる。さらに彼らの伝記を読めば、そのストーリーが標本の価値を高めてくれる。

現在、国立科学博物館では特別展「大英自然史博物館展」が開催されている（※2017年6月会期終了）。この展示は大英自然史博物館のお宝収蔵物が初めて国外へ巡回する企画なのだが、僕のような歴史好きの人間にはたまらないのが、これらの標本にまつわるストーリーが満載されている点である。モグラの標本は来ないが、以前紹介したロスチャイルドやオーストンといった人物が関わった標本が来るので、「標本バカ」の読者は展示内容の一部を先取りしてきたといえよう。展示の監修者として関わっていると、「僕は国立科学博物館にどのような歴史を残すことができるだろうか」と考えさせられる。未来の研究者は、この「標本バカ」を読んで川田という男と彼が残した標本の歴史を垣間見ることになるのかもしれない。そう思うと下手なことは書けないな、と思いながら、連載6年目に突入する。[*1]

*1 連載6年目に突入する。……本書執筆時点で連載は9年目に入っている。

岸田久吉とモグラの分類

November 2018

岸田を知ったのは、台湾の山地に生息する
新種のモグラを調べていたときだった。

2018年10月4日は20世紀の日本を代表する大博物学者、岸田久吉(きゅうきち)が逝去してから50年となる。僕はかねてから彼のファンで、何かと折に触れて話をすることが多い。彼は1924年に『哺乳動物図解』という本を執筆した。これは日本の哺乳類学において、最初の体系的な教科書となったものである。日本の哺乳類学を作った人といっても過言ではない。ところが、彼ほどに賛否両論が激しい研究者もいない。10年ほど前に哺乳類学会で彼の業績を再評価する集会を企画したが、最前列に陣取った学会の重鎮から、「美化しすぎている」とのお叱りを受けたこともあった。

僕が岸田を知ったのは、台湾の山地に生息する新種のモグラを調べていたときだった。このモグラを初めて採集したのは2002年11月のことで、タイワンモグラの染色体を調べる目的で台湾に渡航した折の話だ。台湾東海大学の近くにモグラのトラップを仕掛け、一晩で5個体を捕獲することに成功した僕は、共同研究者の先生から山に棲む「謎のモグラ」のことを聞いた。それで翌日に急遽、台湾の最高峰である玉山(ユイシャン)の標高2800メートル地点に移動し、これまた見事に「謎のモグラ」を一つ捕まえた、という次第。

岸田久吉とモグラの分類

さて、このモグラが岸田によってずっと昔に独立の種として認識されていたことがわかったのはその後である。彼は1930年代、すでに台湾の山地に生息するモグラが、平野部の種と違うことを認識していた。そして自身が主宰する動物研究団体「蘭山会」の機関誌『ランザニア』に掲載するつもりで新種記載論文を書いた。ところがこの論文、各地の図書館や岸田個人の蔵書を調べても見つからないのである。どうやら記載を怠ってしまったようなのだ。彼は数名の知人に「台湾の山に新種のモグラがいる」という事実を話していたようで、考案した学名も披露していた。それが細々と台湾の哺乳類に関する文献で取り上げられることにより、「謎のモグラ」として僕に引継がれたのである。

これだけなら岸田を崇拝する理由にはならない。分類学者として、記載を怠るということは致命的な欠陥だ。賛否両論と書いたのは、彼がこのモグラのケースのように、新種記載においてずさんな仕事をしていたという事実による。一方で、彼の先見性というのはなかなか鋭いもので、さほど大きくない島国に2種のモグラがいるということに気づいた点はすごい。さらに彼は台湾に第三のモグラが生息することを予言する記述も残している。僕の調査によると、僕が記載した山地のモグラ以外にも、東西の平野部に分布するモグラの形態は明らかに同種とは思えないものだった。岸田の仮説は十分に支持できる。

そもそも岸田は哺乳類が専門というわけではなく、クモ類の分類においてより多くの業績を持つ人物だった。哺乳類が片手間であったかというと、最初に書いたように日本語による初めての哺乳類学の教科書を作ったほどの人である。一体どれほどの情熱をもって、動物学の研究に時間を費やしたことだろう。彼は膨大な数の動物標本を収集して形態学的な研究を行ったというが、哺乳類標本はほとんど現存しないようだ。残念なことに、彼の死後に処分されてしまったのだとか。

ヤマビーバーの頭骨標本

April 2019

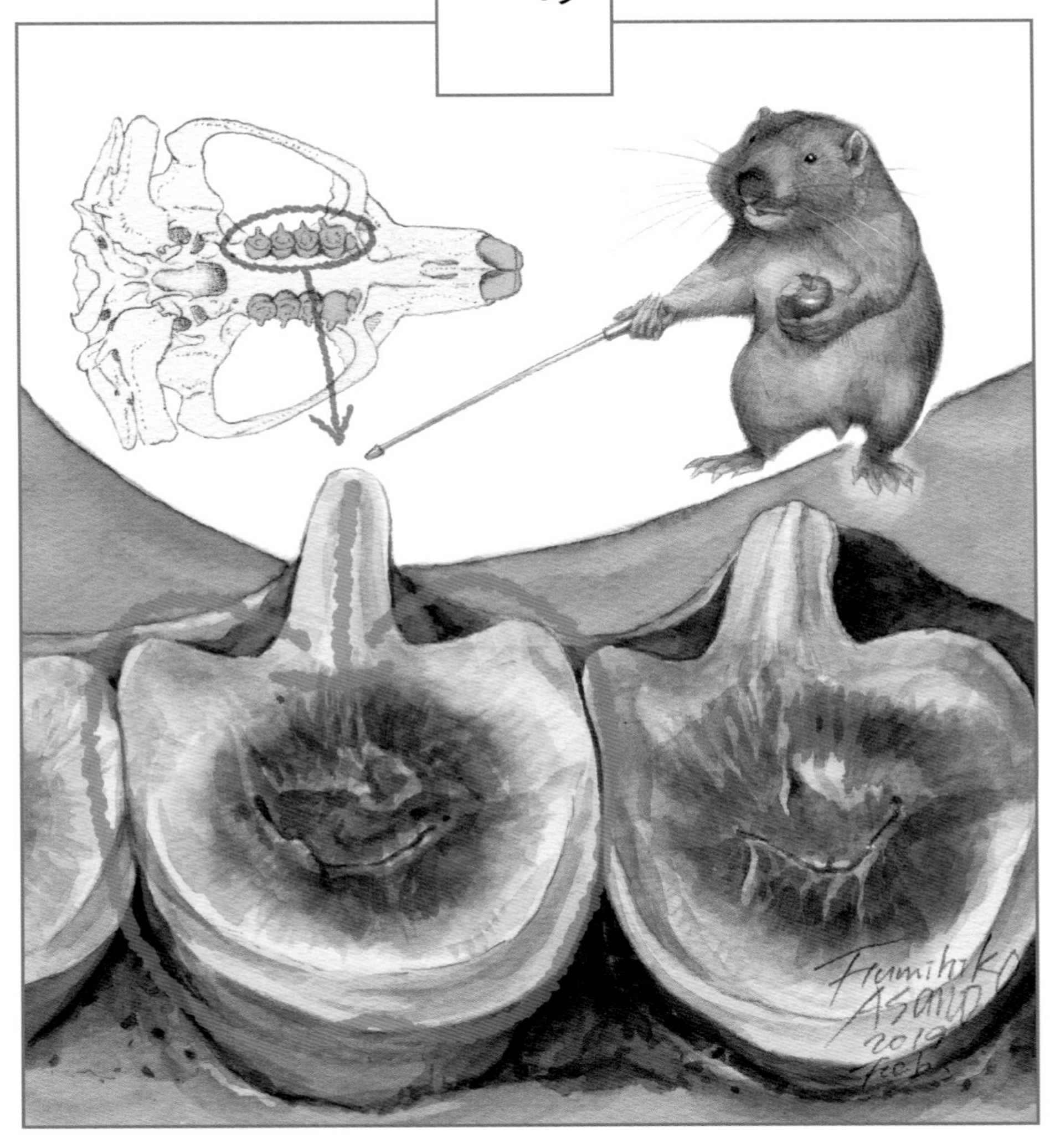

驚いたことに、この標本の所有者は山崎柄根氏だった。

先日、僕が不在にしていたときのこと、昆虫担当者から数点の哺乳類頭骨標本が届けられていた。いずれもきれいに作製されており、すぐに登録して利用可能なものである。どれどれと一つずつ種を確認するなかで、その一点に目が釘付けになった。ものは明らかに齧歯類で、鋭い切歯が上下顎から突出している。それにしては短く寸詰まりの頭骨後部。もしかして、と袋から頭骨を取り出し、臼歯の形状を確認したところ、丸い形に「リンゴのヘタ」のような突起が確認できた。間違いない、ヤマビーバーの頭骨である。

世界でもロッキー山脈周辺にしか分布しないヤマビーバーを知る人はそれほど多くない。「ビーバー」の名があるがビーバー科とは全く別のグループで、本種のみでヤマビーバー科を構成する1科1属1種の動物。むしろリス類に近縁な中型齧歯類だ。体形はずんぐりむっくりでビーバーっぽいが、尾は非常に短く、むしろクマやオーストラリアに棲むウォンバットを思わせる。おそらく生息地ではそれほど珍しい種ではないと思われるが、僕はヤマビーバーの頭骨を初めて見た。すぐにその種とわかったのは、哺乳類の歯についてのテキストには必ずと言ってよいほどこの種の歯列が掲載されているから

ヤマビーバーの頭骨標本

だ。齧歯類の祖先的な種に類似した歯を持つためで、最も原始的な齧歯類との説もある。3月21日から国立科学博物館で始まる特別展「大哺乳類展2」（※2019年6月会期終了）では多数の頭骨標本を陳列したコーナーを設ける予定で、ちょうどそこに並べる展示物が最終決定するところだった。最後の最後に、重要な標本が一つ加わることとなった。

驚いたことに、この標本の所有者は山崎柄根（つかね）氏だった。昆虫担当者によると、昨年他界された折に昆虫標本が寄贈され、そのなかに哺乳類の頭骨がいくつかあった、とのことである。山崎氏は著名な昆虫学者だが、僕は氏が執筆された「鹿野忠雄」[*1]の伝記でその名を知っていた。鹿野は戦前に台湾の自然史・民族史を調査した人物で、この島に2種のモグラがいる可能性を、初めて英語で書かれた文献に残した人である。僕が台湾のモグラの分類について研究していた学生時代、山崎氏による鹿野の伝記は有用な情報源だった。緻密な調査に基づいたもので、それまで知られていなかった鹿野の生涯が余すところなく描かれている。僕が現在動物だけでなく動物学者の人物史についても調べるようになったのには、この書の影響も大きい。

＊1「鹿野忠雄」の伝記……『鹿野忠雄─台湾に魅せられたナチュラリスト』（平凡社）。

2009年のこと、学会関連の事務連絡で僕は山崎氏と数回メールのやり取りをする機会があった。そのなかに僕は個人的な追伸として、著作を読んだ感想や、鹿野の人生に感銘を受けて台湾の新種のモグラに*kanoana*の種小名（しゅしょうめい）を与えた話を書いた。大変喜ばしいことだと返信をくださった。

国立科学博物館には、1987年11月3日にタイの北部にある最高峰ドイ・インタノンで採集されたモグラの標本がある。これも当時、山崎氏が寄贈してくださったものだ。タイのモグラは世界的に見ても標本数が少なく貴重なものである。また、メールのやり取りでは氏がかつて当館に寄贈したトゲネズミの標本に関することも書かれていた。1963年に奄美大島の湯湾岳（ゆわんだけ）で生け捕りしたものを今泉吉典氏に提供したもので、天然記念物として指定される前のことである。ヤマビーバーのような珍しい頭骨も、こういう方であったから大切に保管されていたのであろう。一度直接お会いしてお話ししたかった。

長身の苦悩

September 2019

さらにこのとき、石川はちょっとしたへまをやった。

茨城県つくば市にある国立科学博物館の研究施設では、大量の標本が収められた収蔵庫の見学会が時折開かれる。剥製標本を保管している7階は僕が担当する場所で、一番人気のスポットなのだそうだ。来訪された方から「この部屋で一番古い剥製はどれですか」といった質問をよく受けるのだが、僕は「明治時代に作製されたキリンの剥製です」と回答するようにしている。老朽化が進んだこの剥製は1907年に初めて来日して、上野動物園に展示された雄のキリン「ファンジ」である。

この頃、上野動物園は帝室博物館（現在の東京国立博物館）の一部で、東京帝国大学農学部教授の石川千代松が園長だった。石川は帝国大学に動物学教室ができた黎明期の学生で、初代教授のエドワード・モースから直々に進化論の講義を受けて、我が国に進化の仕組みを広めた立役者である。卒業後はドイツに留学して遺伝学なども学び、この頃発見されたばかりだった細胞内で奇妙な挙動を示す物体に「染色体」という訳語を授けたことでも知られる。モグラの染色体分析が研究キャリアの始まりだった僕には、気になる人物だ。彼はドイツ留学の経験もあってのことか、ドイツの動物商カール・ハーゲンベックから雌雄2個体のキリンを購入した。輸送の際には、予想外に背が高いキリンがトンネルを通れなかったとか、動物園に到着してからも収容できる建物がなかったとか、関係者をいろいろと悩ませたという。背が高いというのは、いいことばかりではないらしい。

さらにこのとき、石川はちょっとしたへまをやった。キリンの購入予算を確保していなかったことが問題になり、職を追われることとなったのだ。一方キリンは大人気で上野動物園の来園者増につながったと伝えられる。このいわくつきのキリンであるが、残念ながら来日の翌年、1908年にいずれも死亡し、剥製標本となって帝室博物館に飾られることになった。現在でも、動物園で死亡した個体は博物館に受け入れられて標本として保管されているものが多いが、この時代すでに死体は有効利用されていたのだ。帝室博物館の動物標本はその後、1923年の関東大震災で展示物が皆無となった我らが国立科学博物館の前身へと移管されて現在に至っている。「ファンジ」の剥製はこの当時すでに大型哺乳類の剥製技術があったことを証明している。作製したのは父の坂本福治から技術を継承し、「坂本式動物剥製法」として発展させた坂本喜一だろう。

　帝室博物館から標本とともに移管された標本台帳によれば、「ファンジ」と一緒に来日した雌の「グレー」も同様に剥製にされていたことがわかる。古い展示室の写真には、確かに雌雄のキリンが並んで展示されている。雌は首を高く上げて、木の葉を食べている普通の姿勢。興味深いのが雄のほうで、前肢を左右に大きく広げて首を下げた姿勢である。キリンは水を飲むときにこのような姿勢をとるが、当時、この行動についても知られていたわけで、キリンの生態を紹介するためにもよいデザインだったといえよう。うがった見方をすれば、雄は雌よりも大型であるため、首を上げた状態だと展示室に入らなかったのではないか。台帳によれば雌はすでに廃棄されてしまったようだ。もしかしたら、展示で標本が劣化したのちに収蔵庫に入れようとしたら、展示室よりも天井高が低かったために入れられなかったのかもしれない。背の高さを示すように立ち姿で作製された雌と、より長身ゆえに低い姿勢で作製された雄。標本として現在に伝えられるにも、様々な苦悩があった。

仮剥製ブーム

November 2019

あるいは、
僕が日々仮剥製標本を作製しているのを見て、
「標本バカ」ウィルスに感染したのかもしれない。

同僚の田島木綿子さんが仮剥製標本作りを始めた。彼女は海生哺乳類担当で、鯨類の研究が本業である。クジラは剥製にするのが難しい。彼らの皮膚はなめらかな構造になっていて、水の抵抗をなくすためにほかの哺乳類のような毛がない。このような生き物を剥製にするのが難しいのは、剥製というものが本来、毛の色を保存する用途のもので、毛の下にある皮膚表面の状態はごまかされているからだ。毛がない動物を乾燥させれば、表面は乾燥してひび割れてしまい、標本として残す意味があるのだかないのだかよくわからないものになってしまう。似通ったものではヒトのミイラを想像してもらえれば大体おわかりだろう。ところが全長10メートルにもなるツチクジラを剥製にした古い標本が存在していて、どうやってクジラの薄い皮膚を剥いて処理を行ったのか、全く信じられない。クジラの皮膚は乾燥するとぱりぱりになって脱落するのだ。

海生哺乳類とはいっても毛がないものばかりではない。海に進出した哺乳類には食肉目のアザラシやアシカといった、いわゆる鰭脚類がある。彼らは立派な毛を持つ哺乳類で、手触りも最高。その緻密で良質な毛皮は断熱性の高い素材として、様々な用途に利用

仮剥製ブーム

されてきた。これを一個体分丸ごと標本として残して、多くの方が触れる標本にしたい、と田島さんは考えたらしい。あるいは、僕が日々仮剥製標本を作製しているのを見て、「標本バカ」ウィルスに感染したのかもしれない。研究室のみんなを総動員して、皮を剥き始めた。ところが概して海の哺乳類は大きい。そして皮膚の下に蓄えられた脂肪が毛皮の作製を非常に難しくする。ネズミやモグラの仮剥製を作るのとは相当に具合が違うわけだ。ちょっとお手伝いしてやろう。

材料は水族館から譲り受けた多数のオットセイで、すでに開腹されて臓器が取り出されている。まずは毛の状態のチェックだ。長らく冷凍庫で保管していたものでは、体に含まれている脂肪が変性して皮膚表面に悪影響を及ぼす場合がある。腹部の毛をつまんで引っ張ったとき、皮膚表面と一緒に毛が束になって「ずるり」と脱落する（この業界では「毛がすべる」と表現する）ようなものは毛皮標本には向いていない。試してみたところ、状態は悪くないようだ。死後迅速に臓器を取り出して冷凍しておくと、このように状態よく保存できるのである。

毛皮に脂肪を残さないように、開腹部から丁寧に剥皮していく。鰭脚類の毛皮は強い弾力性があってよく伸びる。しっかりと引き伸ばし、メスを45度の角度であて、切るというよりも削ぎ落とす要領で斜めにスライドするとうまくいく。特に難しいのは手足の鰭部分で、ここは皮膚が薄く、また指の間は皮膜状になっているため、深追いすると穴だらけになってしまう。鰭脚類の後肢先端には指骨から軟骨が伸びて鰭面積を広げているのだが、これを取り出すのは難しそうだ。指骨先端、爪がある位置まで剥いたところで終了とし、内部に残った軟骨にはホルマリンを注射して防腐処理をする。あとは陸生の中型哺乳類と同様、塩漬けしてミョウバン液に浸し、その後に綿を詰めて整形・縫合すればOKだろう。

全身にドライヤーをかける田島さんの姿があった。いつも僕がしているのを「よくやるわねー」と笑っていたのに、妙に楽しげで微笑ましい。新たな標本作業に目覚めた彼女に称賛の意を表したい。

先達

April 2020

お返事をいただいて、
先生と僕にもう一つの共通点があったことを知った。

土屋公幸（きみゆき）先生の訃報が届いたのは、2018年6月6日の午前、カモシカの頭骨を洗っているときだった。土屋先生と僕にはいくつかの共通点がある。一つは小哺乳類の研究者であること。なかでも土屋先生はモグラ類に関して積極的に調査をされた。二つ目は染色体の形態変異に関する研究を志向した点で、1970年代から1980年代に広く日本の哺乳類についての染色体数とその形態を明らかにされてきた。僕は博士論文をモグラ類の染色体についての研究で執筆したので、土屋先生がそれまでにまとめていた日本産モグラ類の染色体に関する報告は、その下地となるものだった。そして三つ目の共通点は、標本を大変よく残された点である。かつて国立科学博物館の今泉吉典先生の下で動物学を学ばれ、当時の標本充実に多大なる貢献をされた。収蔵庫には土屋先生が作製した美しい仮剥製標本が多数保管されている。

僕にとっては憧れの大先輩という方だった。初めてお会いしたのは学生時代、長野県須坂市でモグラの調査をしていたときだ。土屋先生は近くで行われていた学会を抜けて、モグラの採集に付き合ってくださった。僕が国立科学博物館に就職したときは、当時の研究施設があった新宿分館まで来られて、お祝いをしていただいたのが本当に嬉しかった。

僕は大学の先輩方が標本を作っているのを見よう見まねで学んできたので、標本の師匠と呼べる人は特にいない。学生時代に作製していた仮剥製は、後肢の裏側を上に向けた状態だった。あるとき、それを見た土屋先生から「足の裏は下側にしたほうが良いのだよ。イギリスにあるアンダーソンの標本もみな、そのようになっている」という指摘を受けて、以来そうしている。このほうが足の指が湾曲せず乾燥するので、標本を利用する際に便が良いことを知った。またあるときは、国立科学博物館の日本館に展示してあったアカネズミの剥製が「出来が悪い」とおっしゃって、差し替え用の剥製を送ってくださった。土屋先生は本剥製も作れる方で、現在展示されているアカネズミの剥製は土屋先生の作である。研究者で展示用の本剥製まで手掛ける人は、昔も今も国内にはほとんどいない。

土屋先生がご病気と知ってから、どうしたらよいのかわからず、なかなか連絡を取ることができなかった。しばらくして回復されたようだと聞き、この「標本バカ」のコピーをすべてファイルして手紙に同封した。標本が大好きな先生のことだから、楽しく読んでいただけるだろうと思ったのだ。

それからまたしばらくしてお返事をいただいて、先生と僕にもう一つの共通点があったことを知った。以前、ブライアン・ホジソンというイギリスの博物学者と僕の誕生日が同じであることを書いたのだが（291ページ）、その回に反応してのことと思われる。そこにはこう書かれていた。「私は1941年2月1日生まれです」。僕は1973年2月1日生まれである。

土屋先生が遺された標本や台帳は、僕の研究室に移管された。標本は1000点に及ぶ膨大なものである。「川田君、あとはよろしく」というお考えがあっただろうか。1年少々かけて整理してきたが、それが最近ようやく完了した。与えられた宿題をやっと終えられたような気持ちである。

標本バカのこぼれ話

2月生まれの博物学者

僕は中学・高校を通じて歴史には全く関心がない人だった。そんな僕に過去を学ぶ楽しさを教えてくれたのは、現岡山理科大学の小林秀司さんである。僕が名古屋大学大学院に在学中、彼は中京女子大学で教鞭をとっており、研究面で困ったことがあるたびに自宅を訪ねて朝までお酒を飲みながら議論したものである。台湾の新種のモグラ「ヤマジモグラ」を記載しようと分類の勉強をしていた頃、過去に誰がどのように台湾のモグラを研究してきたのか、という研究史を調べなくてはならないことを学んだ。小林さんは自室の本棚から古い本を取り出し、次々と昔の研究者について説明してくれる。これはかっこいいと思った。

100年以上も前に動物標本を収集して研究を行った人物。その人物史的な側面についても知識があるなんて素敵だ。どうせなら生年月日まで覚えちゃおうと調べ始めた。すると、アジアでモグラを最初に記載したブライアン・ホジソンが僕と同じ2月1日生まれであることを知った(291ページ)。こんな調子でいろいろな人について調べていたら、僕が大好きな博物学者たちに2月生まれが多いことに気づいた。

大英自然史博物館の有名な哺乳類研究者であるオールドフィールド・トーマス(221, 272ページ)は1858年2月21日生まれ、ウォルター・ロスチャイルド(292ページ)は1868年2月8日生まれである。彼らは僕が崇拝する「標本バカ」であり、同じ2月生まれとはなんと光栄なことか。さらにもっとよく知られた人物では、かのチャールズ・ダーウィンが1809年2月12日生まれ、そして日本の自然史を初めて欧米に伝えたフォン・シーボルトも1796年2月17日生まれなのである。

特に2月生まれの著名博物学者が好きでこのコラムに書いてきたわけではないのだが、2月に生まれてよかったなと、この奇遇に喜びを感じている。

解題 「あとがき」にかえて

いつからだったか、文章を書くのがわりと好きである。論文とはまた別に、日々の活動について何か書いてみたいと思い、ブログというやつをやってみたいとずっと考えていた。ところが僕はITにとても弱く、どうにもならない。このSNS全盛時代に、ツイッターもフェイスブックもやっていない。社会との接点が少ない。そんな僕にとって、月刊誌『ソトコト』からコラム執筆のお誘いを受けたのはありがたいことだった。こんなに面白い博物館での仕事を余すところなく紹介していこうと思った。「標本バカ」というタイトルは、当初いくつか『ソトコト』さんから提案されたものがあったのだが、僕が「標本バカとかどうですかね？」と返して採用となったものである。フランク・ザッパの名曲に「Dancin' Fool」というものがあり、名盤『シーク・ヤブーティ』の日本盤の茂木健氏[*1]による訳詞では「ダンスバカ」とされている。これにあやかったものである。なので、本書を英訳するならば「Specimen Fool」になるだろうか。いや「Specimen Crazy」あたりが妥当かもしれない。「バカ」という言葉を広辞苑で調べると、

①おろかなこと。社会的常識に欠けていること。また、その人。
②取るに足りないつまらないこと。無益なこと。また、とんでもないこと。
③役に立たないこと。
④馬鹿貝の略。
⑤度はずれて、の意。

とある。本書をひと通り読んだあとならわかるだろうが、確かに僕がやっていることは社会的常識に欠けた行為も多々あるし、多くの人の利益を生むものでもないかもしれない。今現在は役に立っていない標本も多かろう。「馬鹿貝の略」は飛ばすとして、度を外れた行為であるというのもその通りである。でも、「〜バカ」というのはある意味「特定のことに熱心な人」を示す言葉でもあると思う。⑥としてそのような意味も加えてほしいものである。ともあれ、「バカ」の解釈は自由、標本バカ万歳。

原稿は『ソトコト』発売日のおよそ1か月前を締め切りとし、1200文字

＊1 茂木健……翻訳家。『フランク・ザッパ自伝』（河出書房新社）、『時間封鎖』（東京創元社）他訳書多数。以前、人類研究部の坂上和弘さんに勧められて読んだ『指紋を発見した男』（主婦の友社）という翻訳本が大変面白かったのだが、その訳者が茂木健氏で驚いたことがあった。

を目安として執筆した。ワードのデフォルト設定（10・5ポイント）で丁度1ページ程度である。「毎月ネタを考えるのは大変では？」という質問をよく受けるのだが、執筆内容に困ったことは意外とない。博物館では驚くほどいろんな事件が起こる。日々標本作業を行っていればいろんなことを考える。家族との些細な会話や遊びから示唆を受けることも多い。このあたりにバカの神髄があるともいえよう。

絵はイラストレーターの浅野文彦さんによる。毎月僕の書いた原稿を読んだうえで、そこからイメージして描いてくれる。このプロセスがどのように行われているのかは全くのブラックボックスであるが、なにしろ浅野さんがかなりじっくりと読み込んでくれていることは間違いない。時には難解な文章を適切に補足するイラスト、ある時は事件を茶化したようなコミカルなイラスト、そして細密な標本の図などを仕上げてくれる。彼のアイデアなくしては成立しないコラムである。よって本書は彼との共著であり、浅野さんのイラスト集として美術書とともに書棚に並べるおしゃれな読者も歓迎する。浅野さんとの出会いに感謝。

僕が執筆した原稿のほとんどを編集してくれたのは、『ソトコト』編集長の指出一正さんである。雑誌全体のことも考えなければならないのに、多くの話で文字数を超過して送られてくる原稿をうまく収まる様に調整する作業は大変だったと思う。指出さんをはじめとする編集に関わってくれた皆様に感謝申し上げる。そして「バカ」などという語を含む題字を快くお受けくださり、カッコよく仕上げてくださった書家の金澤翔子さんにも感謝の意を。僕の研究室にはこの題字を大きく印刷して表紙にした「標本バカ」のファイルがあり、来館したお客さんに標本バカのストーリーを楽しんでいただいている。その一人がブックマン社の藤本淳子さんだった。このコラムの書籍化に向けて活動してくださり、実現できたのは彼女の「標本バカ」愛のおかげである。ありがとう。

最後に、標本には様々な提供者があり、時には大勢の人が一丸となった作業が必要となる。本書に登場する方々に御礼申し上げる。そして我が家族、川田寛子・吉永・晴士の三名にもとても感謝している。息子たちが大きくなったら「なんであんなこと書いたんだよ！」と怒られそうだが、バカな父を許しておくれ。

令和2年6月23日　川田伸一郎

Profile

川田伸一郎
Shin-ichiro Kawada

1973年岡山県生まれ。国立科学博物館動物研究部研究主幹。弘前大学大学院理学研究科生物学専攻修士課程修了。名古屋大学大学院生命農学研究科入学後、ロシアの科学アカデミーシベリア支部への留学を経て、農学博士号取得。2011年、博物館法施行60周年記念奨励賞受賞。著書に『モグラ博士のモグラの話』(岩波書店)、『モグラー見えないものへの探求心』(東海大学出版会)、『はじめましてモグラくんーなぞにつつまれた小さなほ乳類』(少年写真新聞社)など。

イラスト

浅野文彦
Fumihiko Asano

1973年愛知県名古屋市生まれ。名古屋造形芸術大学卒業。東洋工学専門学校環境エコロジー科卒業。1997年ミャンマーにてエコファームのテキスト作り。1998年フィリピンにてエコツーリズムの資料作り。2004年バリ島取材、エコプログラムの教材を作成。2006年より講談社フェーマススクールズイラスト専科インストラクターに就任。『玉川百科 こども博物誌 動物のくらし』(玉川大学出版部)、『生き物はどのように土にかえるのか』(ベレ出版)、『鳥類学者の目のツケドコロ』(ベレ出版) 他雑誌や書籍等の装画・挿絵を多数手がける。

ヌー（トリア）

（♪尾崎豊「シェリー」のメロディに合わせて歌ってね）

ヌー　俺は安受けあいして
こんなことになってしまった
ヌー　俺はあせりすぎたのか
むやみに何もかも受け入れてきたけど
ヌー　あの頃は楽だった
毛皮まで残してきた俺だけど
ヌー　お前の来る量に
骨と爪しかできない作業さ
メス振り続ける　俺の生き様を
時にはたくさん届いて困らせる

ヌー　少ない箱で届いてくれ
むしろ　ワナにかからないでくれ
お前の数が全てを決めるから
ヌー　いつになれば
君は全滅するのだろう
ヌー　どこに言えば
これに予算はつくのだろう
ヌー　俺は捌く　標本を集めるため

（間奏）

＊1 子宮取る余裕なんてないよね……ヌートリアは繁殖力が旺盛な動物。妊娠個体の場合は子宮を液浸標本として保管している。

ヌー　見知らぬところで
死体を見つけたらどうすりゃいいかい
ヌー　君は外来種だけど
マングースみたいにうまく駆除されはしない
ヌー　全部集めるならば
孤独すら恐れはしないよね
でも　一人で捌くなら
子宮取る余裕なんてないよね[＊1]

メス振り続ける　俺の生き様を
毎日たくさん届いて困らせる
ヌー　哀れみより手伝いがいる
俺はロボットなんかじゃないから
俺は真実へと歩いていく

ヌー　俺はうまくばらせているか
骨はうまく洗えているか
俺の体はくさくはないかい
俺は血を流してはいないかい
俺を手伝う人はいないかい
とりあえず人件費くれないか
俺にだまされる人はいないか
俺は決して間違っていないか
俺は真実へと歩いてるかい

ヌー　いつになれば
君は全滅するのだろう
ヌー　どこに言えば
これに予算はつくのだろう
ヌー　俺は捌く　標本を残すために
Wo…

本書は、『ソトコト』(木楽舎) の連載コラム「標本バカ」を書籍用にまとめたものです。2012年5月号〜2020年4月号に掲載されたコラムの中から77話分を抜粋し、一部修正・加筆のうえ再編集しました。日付や名称、登場人物の所属などは連載当時の情報です。ご了承ください。

標本バカ

2020年 10月 8 日　初版第一刷発行
2021年 2 月 12 日　初版第二刷発行

著者　川田伸一郎

イラスト　浅野文彦
題字　金澤翔子

デザイン　井上大輔 (GRID)
編集　藤本淳子

Special thanks　指出一正 (『ソトコト』編集長)

印刷・製本　凸版印刷株式会社

発行者　田中幹男
発行所　株式会社ブックマン社
〒101-0065 千代田区西神田 3-3-5
TEL 03-3237-7777　FAX 03-5226-9599
https://bookman.co.jp

ISBN978-4-89308-934-2